U0043952

精準提問 ChatGPT

答有所問的六大原則 與多場景演練

任康磊——著

Contents | 目錄

第 4 章　ChatGPT 促進職業發展

第 5 章　ChatGPT 加速財富增長

內容提要

本書旨在幫助讀者學會如何高效向ChatGPT提問，進而獲得更加準確、全面、深入的回答，繼而在不同的實際情況下提高工作效率、節省時間、解決問題。

本書的內容特色在於，用通俗易懂的語言講述如何在不同的場景下進行高效提問。

具體來說，本書提供了「準確的指令」和「有效的問題設計」，讓讀者能夠向ChatGPT提出符合自己需求的問題，本書還提供了通用的實施步驟和可參考的範本，介紹一系列提問技巧和注意事項，提供實用的範例，讓讀者可以快速掌握高效向ChatGPT提問的技能，提高工作和學習效率，擴展個人知識面以及提升解決問題的能力，獲得更多的成就感。

前言

人工智慧正以前所未有的速度改變著世界。

GPT（Generative Pre-trained Transformer，生成式預訓練變換模型）作為強大的人工智慧語言模型，具有廣泛的應用場景，必將改變人類的生產與生活方式，提高人類的工作效率和生產力水準，為人類社會帶來巨大且深遠的影響。

1、未來，學習和使用ChatGPT是必要選項

想像計算機剛出現的時候，張三在用算盤計算，而李四在用計算機計算；想像電腦剛出現的時候，張三用手寫記錄，而李四在用鍵盤快速打字記錄……。誰的選擇更適應社會的發展不言而喻。

就像當年Office軟體的出現，改變了人類的辦公方式，如今使用Office軟體已經成為所有知識型工作的必備工具。在人工智慧技術日益普及的今天，掌握與ChatGPT高效互動的方法在一定程度上已經變成一個必要選項。

2、要麼學會用ChatGPT，要麼接受「被淘汰」

ChatGPT的出現無疑將顯著改變人類的生產方式，我們將面臨日益增加的競爭壓力。如果不能跟上時代的步伐，我們很可能會被具備這項能力的人淘汰。是的，事情的關鍵不是人工智慧技術替代人類，而是掌握了相關能力的人將在競爭中更有優勢。

在這個資訊爆炸的時代，我們需要掌握與ChatGPT進行高效互動的方法，需要懂得如何全面、正確、有效地向ChatGPT提出需求或問題，需要有效利用ChatGPT輸出價值，以便在工作、學習和生活中將個人價值最大化。

3、ChatGPT將帶來新的機遇

任何一個深刻影響或改變人們工作和生活方式的事物出現後，都將帶來一些新的機會。電子商務的出現催生了一大批線上商店；自媒體的出現催生了一大批自由職業者；而剛出現不久的ChatGPT，必將為很多人帶來新的發展機遇或職業機會。

想像一下，如果能夠熟練使用ChatGPT這種強大的工具，我們無論在學習成長、滿足工作需求，還是解決生活問題方面都能事半功倍，也將迎來不一樣的人生境遇。

但有人覺得，ChatGPT出現後，很多需求或問題都可以借助ChatGPT滿足或解決。工作和生活似乎已經開啟了簡單模式，實際上並不是這樣的。使用ChatGPT雖然幾乎沒有門檻，但高效率使用ChatGPT卻是有門檻的。

這就好像世界上出現了一臺可以自動做出任何食物的機器。如果我們只會對它說：「我餓了，給我做吃的。」它雖然能為我們提供一份可以果腹的食物，但那很可能並不是我們心儀的美味，因為我們在提出需求時沒有對食材、口味等進行詳細要求。

其實，向GPT或類似的AIGC（Artificial Intelligence Generated Content，人工智慧生成內容）工具提出準確的需求或問題，並沒有看起來那麼簡單。

與ChatGPT互動看起來只需要簡單地提出需求，但實際上我們每次與ChatGPT對話，都是向ChatGPT輸入一段指令，只不過這段指令不是專業程式設計碼，而是自然語言提示（Natural Language Prompt）。

如果我們希望ChatGPT為新產品撰寫一篇引人入勝的廣告文案，然而我們只是簡單地對ChatGPT說：「請幫我寫一篇廣告文案。」而無法讓ChatGPT了解這篇廣告文案針對的產品關鍵訊息，ChatGPT就很可能寫出一篇平淡無奇的文案，甚至有可能是放之四海皆準的公式化內容，難以吸引潛在客戶的注意力。

泛泛的提問，必然帶來泛泛的回答。

而如果我們能夠向ChatGPT提供足夠詳細的背景資料，如產品特性、市場定位、受眾畫像、期望傳達的訊息等，ChatGPT則能為我們寫出一篇具有吸引力的廣告文案，進而產生較好的行銷效果。

顯然，只有真正理解並掌握與ChatGPT互動的技巧，才能讓ChatGPT成為我們在工作、學習和生活中的得力助手。要讓ChatGPT

真正發揮價值，我們就要全面、正確、有效地向ChatGPT提出需求或問題。

　　假如能夠有效地利用ChatGPT，我們必將在提升生產效率、節省工作時間、提高學習效率、解決生活難題方面獲得實質上的突破。這也是本書存在的價值和意義。

第 1 章

ChatGPT 的原理和應用

ChatGPT模型的基本原理是利用大量的文本資料庫進行預訓練，來學習語言的統計規律和語義特徵。然後，可以在此基礎上進行微調，使模型適應特定的自然語言處理任務，例如文本分類、命名實體識別、語言生成等。ChatGPT模型的應用範圍非常廣泛，可以用於生成文本摘要、問答系統、自動作文、機器翻譯、自動對話系統等。在自然語言處理領域，ChatGPT模型的出現為文本自動生成、語言理解和人機互動等問題提供了重要的解決方案，為各種領域的應用提供了新的可能。

1.1 工作原理：ChatGPT是如何運行的？

ChatGPT是一種先進的人工智慧語言模型，利用大規模資料進行預訓練，可以用於各種自然語言處理（Natural Language Processing，NLP）任務，如文本生成、機器翻譯和問答等。

在訓練過程中，ChatGPT透過大量的文本資料進行預訓練，學習豐富的語言知識和概念，然後透過微調的方式，適應特定的任務或領域。這使得ChatGPT擁有強大的生成能力和理解能力。

我們來看一個實際的例子。

假設我們向ChatGPT提出一個問題：「光合作用是什麼？」ChatGPT會從大量的預訓練文本中尋找與「光合作用」相關的訊息。

在模型中，每個詞語都有一個向量表示，這些向量表示會隨著模型的訓練不斷更新，以表達詞語之間的關係。ChatGPT會利用這些向量表示，結合「自注意力機制」，捕捉「光合作用」這個概念與其他詞語之間的關係。

透過計算，ChatGPT最終會輸出一個答案，如：「光合作用是一個在植物、藻類和某些細菌中發生的生物化學過程，透過這個過程，它們能夠利用陽光、二氧化碳和水生成葡萄糖和氧氣。光合作用對地球生態系統至關重要，因為它是能量和氧氣進入地球生態系統的主要途徑，同時還有助於減緩全球氣候變暖。」這個答案是ChatGPT根

據其所學到的語言知識和概念生成的。

　　需要注意的是，ChatGPT在生成答案時，並不是簡單地從預訓練文本中複製黏貼訊息，而是透過理解問題的語義，結合所學到的知識，生成一個恰當的答案。這種生成能力使ChatGPT能夠應對各種問題和場景，為人們提供有價值的建議和解決方案。

　　透過上述例子，我們可以看出ChatGPT的強大之處：它能夠理解自然語言，生成連貫、有意義的文本。正是這種強大的能力，讓ChatGPT成為一個有力的工具，可以幫助人們在工作、學習和生活中解決各種實際問題。

　　總之，ChatGPT作為一種先進的人工智慧語言模型，憑藉其龐大的規模以及強大的生成能力和理解能力，在自然語言處理領域獲得顯著的成果。透過預訓練和微調，ChatGPT可以適應各種任務和領域，為人們提供有價值的建議和解決方案。了解ChatGPT的工作原理和應用場景，有助於我們更好地利用它來為自己創造價值。

應用場景：
ChatGPT當前能解決什麼問題？

作為一種功能強大的人工智慧語言模型，ChatGPT已經在許多領域得到了廣泛的應用。那麼，ChatGPT當前主要能解決哪些問題？ChatGPT在工作和生活中有哪些應用場景？ChatGPT又將改變哪些工作項目呢？以下內容將回答這些問題。

1、文本生成與編輯

ChatGPT擅長生成連貫、有意義的文本。在寫作方面，ChatGPT可以幫助我們撰寫報告、文案、故事等。此外，ChatGPT還可以在文本編輯過程中提供語法檢查、潤飾和修改建議等功能，讓我們提高文本品質。

2、資料分析與視覺化

ChatGPT可以為我們處理大量資料，從中挖掘有價值的訊息。透過自然語言處理技術，ChatGPT能夠分析文本、數據和圖像資料，生成有趣的見解和視覺化圖表。這使我們可以更快地了解資料背後的故事，進而做出明智的決策。

3、知識問答與輔導

　　ChatGPT可以作為一個知識問答工具，幫助我們解答各種問題。在教育領域，ChatGPT可以為學生提供即時的學業輔導，解答各類課程問題。此外，ChatGPT還可以用於員工培訓和專業技能學習。

4、語言翻譯與學習

　　ChatGPT可以幫助多種語言之間的翻譯，為使用者克服語言障礙。同時，ChatGPT還可以作為語言學習工具，為我們提供語法和發音建議以及即時的對話練習，幫助我們提升語言學習效率。

5、個人財富管理

　　ChatGPT可以在個人財富管理領域發揮作用。例如，它可以分析我們的財務狀況、經營狀況、成本結構、風險承受能力，並在一定程度上提供財務建議，幫助我們管理個人財富。

6、個人職業發展助力

　　ChatGPT在個人職業發展方面也能發揮積極作用，可以為我們提供客製化的職業規劃和發展建議。例如，它可以根據我們的教育背景、工作經驗和職業興趣，為我們推薦合適的職業發展路徑和技能提升途徑。

　　此外，ChatGPT還能為我們提供求職、面試、職場溝通等方面的建議和技巧，幫助我們在職場中取得成功。同時，透過持續關注行業

動態和市場需求，ChatGPT能協助我們及時調整職業規劃，以適應不斷變化的職業環境。

7、軟體發展與代碼生成

ChatGPT可以輔助軟體發展，為我們提供程式設計技巧和代碼範例。此外，ChatGPT還能夠理解我們的程式設計需求，自動生成相應的代碼片段。這將大大地提高軟體研發者的工作效率。

8、設計與創意輔助

ChatGPT可以在設計與創意領域發揮重要作用。它可以為我們提供設計靈感、色彩搭配建議以及相關素材。此外，ChatGPT還能夠生成有創意的標語、口號等，幫助我們在市場行銷方面取得成功。

9、影片製作輔助

ChatGPT在影片製作領域也能發揮重要作用，可以為我們提供創意構思和製作技巧。例如，它可以根據我們的需求和目標，提供獨特的影片主題和劇本創意。ChatGPT還能為我們提供拍攝技巧、後期剪輯方法和特效應用等方面的專業建議，幫助我們打造高品質的影音作品。

同時，透過分析當前流行趨勢、觀眾喜好以及各類影音資料，ChatGPT能協助我們製作出更具吸引力和傳播力的影片，進而讓我們的影片在平臺上脫穎而出。

10、智慧助手與個人事務管理

ChatGPT可以作為智慧助手，幫助我們管理日常生活中的各種事務。例如，它可以提供天氣預報、新聞摘要和路線規劃等訊息。

11、自動回覆與客戶服務

ChatGPT可以被應用在線上客戶服務系統中。透過理解客戶提出的問題，ChatGPT能夠生成準確、及時的回覆。這樣一來，客戶可以在短時間內獲得滿意的解答，企業也可以節省客戶服務成本。

雖然ChatGPT很強大，能夠為人類提供強大的支援，但它不能完全取代人類的工作。在實際應用中，我們應該充分利用ChatGPT的優勢，與其協同工作，共同創造更加美好的未來。

1.3 未來方向：ChatGPT未來將何去何從？

　　隨著人工智慧技術的不斷發展，ChatGPT有望在未來獲得更多突破，為人類的生產和生活帶來更多便利。ChatGPT在未來的發展方向主要包括以下5個方面。

1、更強的跨領域知識整合能力

　　未來，ChatGPT將在不同領域的知識整合上取得突破，能夠更好地為使用者提供跨領域的問題解決方案和建議。這將使ChatGPT成為一個真正的知識庫，幫助使用者輕鬆解決各類問題。

2、更加個性化的服務

　　透過深度學習和使用者行為分析，ChatGPT將更能了解使用者的興趣愛好和需求，進而為使用者提供更加個性化的服務。這將極大地提升使用者體驗，讓使用者感受到ChatGPT的貼心關懷。

3、更廣泛的行業應用

　　隨著技術的不斷成熟，ChatGPT將在更多領域中被運用，包括法律、金融、教育等重要行業。這將使這些行業的工作效率得到大幅提升，從而為社會帶來更多價值。

4、更具創造性

　　未來，ChatGPT將更具創造性，能夠為我們提供獨一無二的設計構思、作品和解決方案。這將為藝術、設計、文學等領域帶來新的靈感和創意。

5、更多的應用場景

　　隨著ChatGPT技術的發展，未來有許多工作可能會由ChatGPT來完成。例如，客服、翻譯、文案企劃等工作可能會逐漸AI化。此外，一些需要大量重複勞動的工作，如資料登錄、審核等，也有可能逐漸由ChatGPT來完成。

　　在具體的細分領域中，ChatGPT也可能會有更深入的應用，如在醫療、智慧家居（Smart Home）與物聯網、資料分析等領域有更多發展可能性。

　　例如在醫療領域，ChatGPT將能協助醫生進行診斷、提供個性化的治療方案和康復建議，透過大數據分析和模型預測為藥物研發提供有力支援……。

　　在智慧家居領域，ChatGPT將具備更廣闊的運用前景。例如，它可以作為智慧家居系統的核心，達到家庭設備的智慧控制、能源管理等功能。根據使用者的日常生活習慣，ChatGPT可以為使用者提供更加舒適、便捷和環保的智慧生活體驗。

　　在資料分析領域中，ChatGPT更將大有可為。透過對大量資料進行深度挖掘和智慧分析，ChatGPT可以幫助企業和個人發現潛在的商

業價值、市場趨勢和用戶需求。此外，ChatGPT還可以協助進行預測分析，為企業決策、產品創新和市場行銷提供有力支援。透過對各行業資料的深入分析，ChatGPT將為社會帶來更多的價值。

儘管ChatGPT可能會改變一些工作內容，甚至在一定程度上替人類完成一些基礎工作，但它也會創造新的就業機會。

例如，ChatGPT的維護和優化、人工智慧技術的相關教育和培訓、新興產業的開發等，都將為人類提供更多的就業機會。因此，我們應當積極面對ChatGPT所帶來的變革，透過學習和適應，為自己未來的職業發展做好準備。

我們有理由相信，隨著技術的不斷發展和人類對其運用的深入，ChatGPT將為我們帶來更多的便利和價值，推動人類社會的進步。

第 2 章

正確提問，
讓 ChatGPT 提出你想要的答案

一個好的問題不僅能幫助我們獲得準確、有效的訊息，還能幫我們節省時間和精力。要充分發揮ChatGPT的潛力，我們首先需要學會「正確地提出問題」。然而，很多人在向ChatGPT提問時，往往忽略了問題的正確表述方式，進而導致得到的答案與預期相差甚遠。

2.1 高效率提問：問題品質決定答案品質

　　在人際溝通和交往的過程中，提出正確的問題非常重要。一個好的問題能夠幫助我們更有效獲取所需的訊息，避免誤解和溝通障礙，更快解決問題，節省時間和精力。然而很多人卻容易問錯問題。

☒ 錯誤示範

張三問：「我們的專案進展如何？」
李四答：「我們正在努力推進。」

　　張三沒有得到具體的專案進度訊息，因為他的問題過於廣泛，無法讓李四明確了解他想要獲取的訊息。

　　要準確提問，張三可以問：「我們的專案進行到哪個環節了？」或「我們的專案進度和計畫相比有什麼差距？」。

　　低品質的問題在人際溝通中不會得到高品質的答案，在與ChatGPT的互動中更不會得到你所期望的答案。ChatGPT雖然是人工智慧語言模型，但它理解人類語言的能力是有限的。我們提問的品質直接決定了ChatGPT給出的答案品質。

☒ 錯誤示範

為了準備一次旅行，張三問ChatGPT：「我該怎樣完成一次巴黎旅行？」

ChatGPT給出了從張三所在城市到巴黎的飛行路線。

實際上，張三想了解的是：在巴黎旅行期間的路線規劃、景點推薦和注意事項，期望ChatGPT為自己設計一份旅行方案。但張三**問錯了問題，導致ChatGPT誤解了他的需求。**

那麼在應用ChatGPT時，什麼是高效率的提問方式呢？什麼樣的問題才是高品質的問題呢？下面將介紹如何進行高效率提問。

1、確定提問目的

提問前，先確定自己想要獲取的訊息，避免提出過於廣泛或籠統的問題。

例如，如果我們想了解某個軟體的使用技巧，應該明確提問：「我該如何用○○軟體以達到我的○○需求？」而不是模糊地問：「○○軟體怎麼使用？」這樣的明確提問有助於ChatGPT提供更有針對性的答案。

2、提供足夠的背景訊息

在提問時，儘量提供足夠的背景訊息，讓ChatGPT能更好理解問題。

例如，我們需要獲取一些建築設計建議時，可以提供土地、預

算、設計風格等方面的具體訊息，像是：「土地為1,000平方公尺，預算為100萬元，希望採用現代簡約風格進行建築設計，有哪些建議？」這樣的提問有助於獲取更為合理的答案。

3、使用清晰且具體的詞語

避免使用模糊、容易引起誤解的詞語。儘量使用清晰且具體的詞語來表述問題，以便ChatGPT更準確理解問題。

例如，如果我們想了解如何減少某個生產過程中的浪費，可以具體提問：「在生產汽車零件的過程中，如何有效減少浪費原材料？」而不是簡單地問：「如何減少浪費？」這樣能讓ChatGPT更明確地了解我們的需求。

4、分階段提問

對於複雜問題，我們可以分階段提問，先從**宏觀層面**提問，再逐步深入**具體細節**進行提問。

例如，如果我們想了解一家公司的營運狀況，首先可以問：「○○公司的整體營運情況如何？」在獲得了概要性答案後，可以進一步問：「○○公司的主要產品線有哪些？」以及「○○公司的盈利狀況、市占率等經營指標是什麼？」這樣分階段提問有助於ChatGPT更全面了解問題。

5、追問和澄清

在得到答案後，如有需要，可以透過**追問**和**澄清**來獲取更詳細或更準確的訊息。

例如，當我們在詢問某種技術的實際運用原理時，如果答案不夠詳細，可以追問：「請詳細解釋這種技術的工作原理和關鍵部分。」或者，如果答案中出現了模糊的概念，可以要求澄清：「你提到的『○○』概念是什麼意思？能否詳細解釋一下？」

這樣的追問和澄清可以幫助我們獲取更詳細、更準確的答案，進而優化與ChatGPT的溝通效果。

總之，要想有效應用ChatGPT，問題的品質非常重要。透過「確定提問目的、提供足夠的背景訊息、使用清晰且具體的詞語、分階段提問以及追問和澄清」，我們可以與ChatGPT溝通得更好，獲得更有價值的答案。

2.2 問題類型： ChatGPT擅長回答哪些問題？

ChatGPT雖然可以在各領域為我們提供有力支援，但並非所有問題都是ChatGPT擅長回答的。了解ChatGPT能夠有效回答的問題有哪些，而哪些問題是ChatGPT不能回答的，更有助於我們運用ChatGPT來獲取自己想要的結果。

一、ChatGPT擅長回答的問題類型

1、事實類問題

ChatGPT在回答有關歷史與地理等領域的事件、人物、概念等事實類問題方面表現出色。這些問題通常是以「是什麼」、「是誰」、「什麼時候」等形式提出。

例如：「量子力學是什麼？」、「北京奧運會是哪一年舉辦的？」、「比爾‧蓋茲（Bill Gates）是誰？」等。

2、技術類問題

對於電腦科學、電子、物理、化學、數學等各學科技術領域的問題，ChatGPT也能夠提供較為準確的解答。

例如：「如何在Python中創建字典？」、「如何配置路由器？」、「如何把Excel中的資料變成圖形？」等。

3、建議類問題

ChatGPT在提供有關工作、學習、生活等方面的建議時表現良好。

例如：「如何提高寫作能力？」、「如何學習一個陌生領域的知識？」、「○○城市有哪些比較著名的美食？」等。

4、創意類問題

對於需要發揮想像力和創造力的問題，ChatGPT能提供有趣和獨特的答案。

例如：「一段○○類型的故事要怎麼寫？」、「為○○產品提供設計思路要怎麼做？」、「要如何編寫一段○○的影片腳本？」等。

二、ChatGPT不能回答的問題類型

1、過於主觀的問題

由於主觀問題涉及個人觀點和感受，ChatGPT在回答這類問題時可能無法給出令人滿意的答案。

例如：「這首歌我會喜歡嗎？」、「這部電影好看嗎？」、「這個餐廳的菜我會喜歡嗎？」等。

2、涉及非公開或敏感資訊的問題

出於隱私保護和安全考慮，ChatGPT無法回答涉及個人隱私、商業機密或其他敏感資訊的問題。

3、需要經驗才能解決的問題

ChatGPT畢竟只是人工智慧工具，不是真正的專家，對一些需要經驗才能解決的專業問題，如醫療健康諮詢、法律諮詢、心理諮詢、管理諮詢等，一定要尋求專業人士的建議，而不能完全依賴ChatGPT。

例如，儘管ChatGPT可以提供一些基本的醫學知識，但它不具備專業醫生的資質，因此不能提供具體的醫學診斷和處方建議。健康問題一定要諮詢專業人士。

在實際使用ChatGPT的過程中，我們可能會遇到一些問題，如ChatGPT無法理解問題、回答不準確等情況。在這些情況下，我們可以「嘗試修改提問方式，使用不同的關鍵字，或將問題拆分成幾個更具體、更簡潔的小問題」，以提高ChatGPT的回答品質。

在缺乏人類指導的情況下，ChatGPT無法自主輸出價值。只有當我們提供正確的指令給ChatGPT時，它才能輸出我們所期望的結果。只有透過正確、有效地向ChatGPT提出需求或問題，我們才能獲得準確的答案。

向ChatGPT提需求或問題要遵循6個原則：

原則1：訊息清晰，給出具體背景，明確表達需求

在向ChatGPT提出需求或問題時，要確保表述清晰，易於理解，要儘量提供詳細的訊息和具體的要求，避免使用模糊不清的描述，以幫助ChatGPT更準確地理解我們的需求或問題。

☒ 錯誤示範

提問：請為我編寫一則關於智慧手錶的廣告文案。

回答：你在尋找一款全能的智慧手錶？我們的智慧手錶擁有各種實用的功能，可助你輕鬆掌握健康訊息。選擇我們的智慧手錶，讓你的生活更加便捷。

☑ **正確示範**

提問：請為我編寫一則關於〇〇品牌健康智慧手錶的廣告文案，凸顯睡眠監測、心率監測、運動追蹤等功能，以及時尚輕薄的外觀設計。文案風格輕鬆有趣，字數約70字，目標客群為注重健康生活的年輕人。

回答：健康生活從未如此時尚！〇〇品牌健康智慧手錶，輕薄設計，佩戴舒適。全程監測睡眠品質、即時追蹤心率、記錄運動資料，助你輕鬆打造健康生活。讓健康與時尚同行，從〇〇品牌健康智慧手錶開始！

　　與錯誤示範相比，正確示範交代的需求更清晰，提供了很多具體訊息。為了能獲得更符合要求的文案，使用者應提供詳細的訊息，如品牌名稱、產品特點、文案風格、目標客群等。

原則2：語言簡潔，表述精準，凸顯關鍵字

　　在向ChatGPT提出需求或問題時，要儘量使用簡潔、明瞭的語言。確保需求或問題的表述清晰，避免模糊不清或易引起誤解的措辭。在提出需求或問題時，確保表述中包含正確的關鍵字，這有助於ChatGPT快速定位需求或問題的核心。

☒ **錯誤示範**

提問：怎樣才能讓更多人關注我？

回答：要想在社交媒體上吸引更多人的關注，你可以嘗試以下方法。

1、發布有趣和有價值的內容。

2、與其他用戶互動和建立聯繫。

3、使用熱門標籤和關鍵字。

☑ **正確示範**

提問：我是○○（社群平臺名稱，例如IG或臉書等）的一名女性創作者（或部落客），平常會做美食分享，我該如何增加關注者數量？

回答：您可以嘗試以下方法來增加關注數量。

1、發布優質內容：發布有趣、實用、精美的美食分享內容……

2、使用適當的標籤：使用適當的標籤，使您發布的內容更易於被搜尋到和發現……

3、與同行交流：與同領域的其他創作者和意見領袖互動，進行合作或者交叉宣傳……

4、參與熱門話題：參與熱門話題討論，提高曝光率和影響力……

5、定期舉辦活動：定期舉辦有獎活動，吸引更多用戶參與活動並關注您的帳號……

6、利用社群廣告：可以考慮使用社群廣告進行推廣……

與錯誤示範相比，正確示範中有很多關鍵字，如「社群平臺名

稱」、「女性創作者」、「美食分享」，這有助於ChatGPT提供更具針對性的答案。

原則3：分階段提出需求或問題

在向ChatGPT提出需求或問題時，可以分階段進行。有時候將需求或問題分階段提出，更能幫助ChatGPT理解我們的需求或問題。可以先從概括性的需求或問題開始，然後逐步深入，這樣可以更好地引導ChatGPT生成我們想要的答案。

☑ 正確示範

提問：開一家成功的咖啡廳需要注意哪些關鍵因素？

回答：選址、市場定位、產品品質與種類、內部設計與氛圍、員工和服務、行銷策略……

提問：談談如何選擇合適的咖啡廳？

回答：選擇合適的咖啡廳地點需要考慮以下因素。

　　　1、目標客群……

　　　2、人流量……

　　　3、競爭情況……

　　　4、交通便利性……

　　　5、租金和其他開支……

上述示範先從一個廣泛的問題開始，然後逐步深入，進而獲得更

有針對性、更全面的答案。

原則4：驗證改進，驗證輸出資訊是否準確

在向ChatGPT提出需求或問題時，要驗證輸出資訊的準確性。儘管目前的人機互動式技術已經具有相當高的準確性，但在特定領域或問題上，它可能會提供不準確或過時的資訊。在應用ChatGPT生成的答案時，我們要對資訊進行驗證，以確保其準確性和可靠性。

☒ 錯誤示範

提問：目前最高效率的太陽能電池類型是什麼？

回答：截至2021年，最高效率的太陽能電池類型是異質接面高效率
　　　太陽能電池，其轉換效率可達47.1%。

用戶直接將ChatGPT給出的答案用到了自己的工作報告中。

☑ 正確示範

提問：人工智慧在醫療行業的應用有哪些？

回答：人工智慧在醫療行業的應用有很多，包括但不限於以下方面。

　　　1、醫學影像診斷……

　　　2、藥物研發……

　　　3、患病風險預測……

　　　4、制訂個性化治療方案……

使用者在接收到這些資訊後，查閱了相關領域的研究論文和報導，發現ChatGPT提供的答案準確且與當前的研究趨勢相符。

在錯誤示範中，使用者獲取答案後，沒有對其進行核實。然而，這個答案在今天可能已經過時，因為可能有新的太陽能電池技術已問世。盲目相信ChatGPT可能導致錯誤決策，造成損失。

原則5：不斷回饋，持續溝通獲取更佳答案

在向ChatGPT提出需求或問題時，要持續回饋。如果ChatGPT提出的答案不符合我們的要求或存在問題，不要猶豫，我們可以提供具體的回饋並要求ChatGPT修訂答案。這有助於ChatGPT了解需求，進而提出更優質的答案。

☒ 錯誤示範

提問：如何提高客戶滿意度？

回答：提高客戶滿意度的方法有：提供優質的產品和服務、及時回應客戶需求、主動收集和採納客戶的建議、關注客戶體驗等。

☑ 正確示範

提問：如何降低公司的營運成本？

回答：降低公司營運成本的方法有審查支出、提高能源利用效率、優化供應鏈、實施遠距辦公、減少辦公耗材浪費等。

提問：謝謝你的建議。但我想了解實施遠距辦公以降低成本的具體方
　　　法。

回答：實施遠距辦公以降低成本的具體方法包括以下內容。

　　　1、評估哪些職位適合遠距辦公……

　　　2、為員工提供必要的技術支援，如……

　　　3、制訂遠距辦公政策和流程……

　　　4、定期舉行團隊會議和進行一對一溝通……

　　　在錯誤示範中，儘管使用者對ChatGPT給出的答案表示滿意，
但如果用戶能夠向ChatGPT提供回饋並要求給出更詳細的答案，例
如詢問「主動收集和採納客戶的建議具體可以怎麼做」，可能會收到
更實用的建議。

原則6：設計結構，巧用上下文訊息與ChatGPT互動

　　　在向ChatGPT提出需求或問題時，要利用上下文訊息。ChatGPT
具有一定的上下文理解能力。在與ChatGPT互動時，我們可以設計
一連串的組合問題，逐一向ChatGPT提出，這樣更有助於ChatGPT
理解我們的需求。

☑ **正確示範**

提問：我想學習製作披薩，請告訴我原料和製作過程。

回答：製作披薩需要以下原料：麵團、披薩醬、乳酪、餡料（如蔬

菜、肉類等）。製作過程如下：

1、準備麵團；

2、將麵團製成麵餅並在麵團上塗抹披薩醬；

3、添加乳酪和餡料；

4、將麵餅放入預熱好的烤箱中烘烤至表面呈金黃色。

提問：謝謝，還有其他類型的披薩嗎？

回答：當然，有很多類型的披薩。

1、美式披薩，其特點是麵團厚實、餡料豐富和乳酪味濃郁。

2、義式披薩，其特點是餅底薄、配料簡單和新鮮番茄醬。

3、芝加哥風格披薩，以厚重的餡料和金黃的乳酪而聞名。

……

上述示範是一個關於如何做披薩的組合問題，前後問題之間有關聯，相當於給 ChatGPT 提供了背景預設，讓 ChatGPT 明白「其他類型的披薩」的詢問重點與「如何製作這類披薩」有關。

2.4 能力培養：讓ChatGPT答有所問的5種能力

ChatGPT功能很強大，要有效運用ChatGPT也需要強大的能力。這就好像電腦出現後，雖然電腦能做的事很多，但操作電腦需要一定的能力；智慧化生產機器出現後，機器本身雖然能完成智慧製造，但為機器設計程式也需要一定的能力。

想要善用ChatGPT，讓ChatGPT答有所問，需要具備以下5種能力。

1、邏輯思維能力

掌握邏輯思維能力是充分利用ChatGPT的關鍵。提高邏輯思維能力，可以幫助我們更好地理解問題的本質，進而提出更有針對性的問題。這裡的邏輯思維能力包括2個層面的含義。

（1）分析問題：學會從多個角度分析問題，挖掘問題的深層含義。

（2）判斷優劣：在得到ChatGPT的回答後，能夠判斷其優劣，以便在必要時提出更有效的問題。

2、跨領域整合思考能力

雖然ChatGPT具有豐富的知識量，但我們作為使用者，應該要具備一定的跨領域整合思考能力。這樣我們可以更容易理解ChatGPT的回答，同時也可以提出更具挑戰性的問題。這裡的跨領域整合思考能力包括2個層面的含義。

（1）涉獵廣泛：累積各個領域的基本知識，以便在向ChatGPT提問時有一定的基礎。

（2）深入研究：對感興趣的領域進行深入研究，提高自己在該領域的專業水準。

3、回饋與溝通能力

與ChatGPT互動時，提供回饋和進行有效溝通是非常重要的。擁有回饋與溝通能力有助於有效使用ChatGPT。這裡的回饋與溝通能力包括2個層面的含義。

（1）提供回饋：在得到ChatGPT的回答後，可以對其進行評價，指出其中的優點和不足，以便ChatGPT能夠更好理解我們的需求。

（2）進行溝通：在向ChatGPT提問時，可以嘗試使用多種方式進行溝通。例如，如果第一次提問沒有得到滿意的答案，可以嘗試使用不同的表述或提問方法，以便ChatGPT更能理解我們的需求。

4、獨立思考與判斷能力

雖然ChatGPT具有豐富的知識量和強大的解決問題能力，但它並非萬能。因此，我們需要具備獨立思考與判斷能力，以便在遇到問題時能夠做出正確的決策。這裡的獨立思考與判斷能力包括2個層面的含義。

（1）保持獨立思考：在得到ChatGPT的回答後，要學會自己思考，分析回答的正確性和可行性。

（2）判斷訊息真實性：在獲取訊息時，要學會判斷訊息的真實性，避免盲目相信ChatGPT的回答。

5、持續學習的能力

要想讓ChatGPT答有所問，我們要有主動學習的意識，需要不斷學習新的知識和技能。這裡的持續學習能力包括3個層面的含義。

（1）關注ChatGPT的更新與升級：了解ChatGPT的最新發展情況，以便更好地運用它。

（2）學習新技能：隨著時代的發展，新的技能和知識不斷湧現。我們需要不斷地學習新技能，以便在與ChatGPT的互動中發揮更大的價值。

（3）反思與總結：在使用ChatGPT的過程中，要學會反思和總結經驗教訓，進而不斷提高自己的能力。

要想讓ChatGPT回答出我們想要獲得的答案，就需要具備邏輯思維能力、跨領域知識、回饋與溝通能力、獨立思考與判斷能力以及持續學習等能力。只有如此，我們才能充分利用ChatGPT，讓它成為我們在工作、學習、生活中解決各類問題的有效工具。

2.5 描述背景：為問題劃定邊界的技巧

在向ChatGPT提問時，設定問題的背景和上下文非常重要，因為這可以為問題劃定邊界，幫助ChatGPT更好地理解問題，在設定好的框架下回答問題，進而提供準確和有針對性的答案。為此，我們要做到以下3點。

1、提供背景和細節訊息

準確地提供背景和細節訊息可以讓ChatGPT更全面地了解問題的基本情況，進而提供更準確和有針對性的答案。

☒ 錯誤示範

提問：如何提高團隊的工作效率？

回答：提高團隊的工作效率有很多方法，如確定團隊目標、合理分配任務、激勵團隊成員、提供資源和培訓等。但是，為了提供更具針對性的建議，我需要了解更多關於你團隊的具體情況和目前面臨的挑戰。

☑ 正確示範

提問：我是一名專案經理，負責管理一個軟體研發團隊，目前團隊遇

到了專案延期的問題。如何提高團隊的工作效率，以便按時完成專案？

回答：

1、確定專案目標和期限：確保團隊成員了解專案的整體目標……

2、優化任務分配：合理分配任務，確保團隊成員能夠充分發揮自己的專長和技能……

3、採用敏捷式開發方法：嘗試使用敏捷式開發方法……

4、保持溝通順暢：定期召開專案進度會議……

5、關注團隊士氣：激勵團隊成員，關注他們的工作滿意度……

正確示範中的提問，用準確的語言提供了問題的背景和細節訊息，而錯誤示範中的提問用詞太過廣泛，且沒有提供背景訊息。

2、描述問題的前提和假設

明確問題的前提和假設可以幫助ChatGPT更準確理解問題，進而提供更有針對性的答案。

☒ 錯誤示範

提問：我該如何學習程式設計？

回答：學習程式設計可以從選擇一門程式語言開始，例如Python、Java或C++。然後，你可以透過閱讀相關學科課程、觀看線上

教學或參加程式設計社團來提升技能……

☑ 正確示範

提問：假設我是一名程式設計初學者，我該如何入門？

回答：作為程式設計初學者，你可以從學習一門程式語言開始，例如
　　　Python，因為它易學且功能強大。此外，你還可以透過參加線
　　　上課程、閱讀相關學科課程和參加程式設計社團來獲得支持和
　　　指導……

與正確示範相比，錯誤示範沒有限定使用者是一名程式設計初學
者，因此 ChatGPT 提供了一個相對廣泛的答案，這對使用者的參考
價值較低。

3、說明問題包含的領域和範圍

確定問題包含的領域和範圍，可以幫助 ChatGPT 更針對性地提
供相關資訊和答案。

☒ 錯誤示範

提問：認知失調是什麼？

回答：認知失調是個體在面對兩個或多個相互矛盾的信念、觀點或態
　　　度時，所產生的內心緊張和不適。

☑ 正確示範

提問：在心理學領域中，認知失調是什麼？

回答：在心理學領域中，認知失調是指個體在面對兩個或多個相互矛
盾的信念、觀點或態度時，所產生的內心緊張和不適。為了減
輕這種不適，個體通常會調整其信念或行為以使它們保持一
致。

　　與錯誤示範相比，正確示範明確了認知失調概念所屬的具體領
域，讓ChatGPT對認知失調概念的解讀更具體，更能提出使用者想
要的答案。

答案判斷：
評判 ChatGPT 答案品質的 3 個標準

在與 ChatGPT 交流時，判斷答案的品質非常重要，以確保我們獲得的資訊是準確、可靠和有用的。一定不要盲目相信 ChatGPT 的答案，要客觀思考，以事實為依據，驗證資訊的準確性。

判斷 ChatGPT 的答案品質，可以參考以下 3 個標準。

1、確認答案是否滿足需求

得到答案後，必不可少的一步是要確認答案是否滿足我們的需求，即是否回答了我們的問題並提供我們想要的訊息。

☒ 錯誤示範

提問：如何進行有效的時間管理？

回答：時間管理是一種技能，可以透過實際執行和學習來提升……

☑ 正確示範

提問：有哪些方法可以做好時間管理？

回答：要進行有效的時間管理，你可以制訂計畫、設定優先順序、避免拖延、保持專注、合理安排休息時間等……

在錯誤示範中，ChatGPT的回答沒有提供具體的時間管理方法，不能滿足使用者的需求。這時候要調整問題的關鍵字或改變提問句式，或者追問：「我問的不是時間管理的概念，而是我想做好時間管理，具體該怎麼做。」

2、對答案進行合理和可靠性分析

對答案進行合理性和可靠性分析，可以幫助我們判斷ChatGPT所提供的資訊是否合理、可信，以及在實際應用中是否有效。

☒ 錯誤示範

提問：為什麼洗手很重要？

回答：洗手可以使你的手聞起來更香，進而使你心情愉悅。

☑ 正確示範

提問：為什麼洗手對預防疾病傳播很重要？

回答：洗手對預防疾病傳播很重要，因為手上的細菌、病毒和其他微生物可能在手觸摸臉部、食物或與他人接觸的過程中傳播開來，而洗手可以有效去除手上的這些病原體。

正確示範中的答案基於公認的衛生原則，合理可靠；而錯誤示範中的答案沒有解釋洗手為什麼可以預防疾病傳播，因此在合理性和可靠性方面存在問題。

3、驗證答案中的事實和資料

　　驗證答案中的事實和資料可以確保我們獲得的資訊是正確的，避免被錯誤資訊誤導。

☒ 錯誤示範

提問：人類第一次登月是在什麼時候？

回答：人類第一次登月是在1968年7月20日，由美國的阿波羅11號
　　　完成。

☑ 正確示範

提問：人類第一次登月是在什麼時候？

回答：人類第一次登月是在1969年7月20日，由美國的阿波羅11號
　　　完成。

　　為了驗證這個答案，我們可以查閱權威資料，確認其正確性。透過查閱權威資料，我們會發現錯誤示範中的日期是錯誤的。ChatGPT的回答僅供參考，千萬不要對其深信不疑。

2.7 評估改進：追問和澄清的3個技巧

在向ChatGPT提問時，為獲得更精確、更詳細的訊息，採用追問和澄清的策略非常重要，相關技巧主要包括以下3點。

1、對意思模糊或不完整的答案進行追問

當我們得到一個意思模糊或不完整的答案時，可以藉由「追問」來獲得更多訊息。追問可以幫助我們更深入了解問題，並了解不同方面的訊息。

☒ 錯誤示範

提問：如何提高我的寫作技巧？
回答：要提高寫作技巧，可以多閱讀、多寫作、參加寫作課程等。

追問：那我應該讀什麼書呢？
回答：你可以閱讀一些自己感興趣的書。

☑ 正確示範

提問：如何提高我的寫作技巧？
回答：要提高寫作技巧，可以多閱讀、多寫作、參加寫作課程等。

追問：能否提供一些提高寫作技巧的具體方法和練習？

回答：當然，具體方法包括寫日記、模仿優秀作品的風格進行寫作練習，例如每天至少寫500字，或者參加寫作比賽等……

錯誤示範中的追問沒有得到詳細的回答，因為它沒有明確詢問在提高寫作技巧方面，可以閱讀哪些相關書籍。

2、對存在誤解或錯誤的答案進行澄清

當我們發現答案中存在誤解或錯誤時，應立即予以糾正。澄清問題可以幫助ChatGPT更理解問題，並提供更準確的答案。

☒ 錯誤示範

提問：電阻和電流是什麼意思？

回答：電阻是電流通過的電路元件，在電路中會使電流發生阻滯，並將電能轉化為熱能……

☑ 正確示範

提問：電阻和電流是什麼意思？

回答：電阻是電流通過的電路元件，在電路中會使電流發生阻滯，並將電能轉化為熱能……

澄清：我剛才想問的其實是，電阻和電流之間的關係是什麼？

回答：電阻和電流之間存在歐姆定律，即電流的大小與電阻成反比，

與電壓成正比。當電壓固定時，電阻越大，電流越小。

在正確示範中，使用者發現自己問錯了問題，導致ChatGPT給出偏離自己設想的回答，於是及時澄清，重新提問。

3、鼓勵ChatGPT提供更多相關資訊

在某些情況下，我們可能希望從ChatGPT那裡獲得更多相關訊息。我們可以鼓勵ChatGPT針對我們關注的細節提供更多詳細訊息來獲得更全面的回答。

☒ 錯誤示範

提問：誰發現了重力波？

回答：重力波是由阿爾伯特·愛因斯坦在1916年首次預測的。

追問：那愛因斯坦還有哪些成就？

回答：愛因斯坦是一位著名的物理學家，他提出了許多重要理論……

☑ 正確示範

提問：誰發現了重力波？

回答：重力波是由阿爾伯特·愛因斯坦在1916年首次預測的。

追問：能否詳細介紹一下重力波的發現過程和重要意義？

回答：重力波在2015年被LIGO實驗室首次直接觀測到。這次觀測來
　　　自於兩個位於美國不同地區的LIGO探測器。這一發現驗證了
　　　愛因斯坦的廣義相對論，並為研究宇宙和重力波天文學開闢了
　　　新領域。

　　提問者想了解重力波的相關資訊，但在錯誤示範中，儘管提問者
試圖透過追問獲取更多相關資訊，但提問者並沒有關注重力波的發現
過程，而是關注愛因斯坦，這就導致ChatGPT沒有提供關於重力波
的更多詳細訊息。

　　與ChatGPT交流時，為了獲得更精確和更詳細的回答，需要注
意採用追問和澄清的策略。對於意思模糊或不完整的答案，要進行追
問以獲取更多訊息；對於存在誤解或錯誤的答案，要澄清以獲得準確
的答案；同時，鼓勵ChatGPT提供更多相關訊息，可以協助我們了
解問題的不同面向。

第 **3** 章

ChatGPT 能協助學習成長

無論是在職場上尋求晉升發展，在生活中追求開闊眼界，還是在學校裡追求優異成績，我們都需要不斷學習以強化自己的能力。有效駕馭ChatGPT，我們的學習效率和成長速度將會大大提升。ChatGPT能幫助我們成為更優秀的自己。

3.1　檢索資訊：借ChatGPT迅速收集數據

ChatGPT在收集檢索方面的使用包括查找資料、回答問題、提供指導意見等。例如，ChatGPT可以幫助我們快速了解某一領域的基本概念、找到實用技巧、查詢經營數據等。

一、情景再現

☒ 錯誤示範

提問：我需要關於市場行銷的訊息。

回答：市場行銷是一種商業活動，旨在將產品或服務推向潛在客戶，以增加銷售收益。以下是關於市場行銷的一些關鍵概念和訊息。

目標市場：指產品或服務的潛在客戶群⋯⋯

☑ 正確示範

提問：我是一名新創企業的創始人，正在制訂市場行銷策略，請提供5種適合新創企業的市場行銷方法。

回答：新創企業制訂市場行銷策略時，可以考慮以下5種市場行銷方法。

1、社交媒體行銷：使用各種社交媒體，如……

2、口碑行銷：透過提供優質產品或服務，讓客戶成為品牌的忠實粉絲……

3、搜尋引擎優化：透過優化網站內容……

4、合作行銷：與其他企業、組織或個人合作……

5、活動行銷：參加各種展覽會、演講或會議等……

錯誤示範中的提問太過廣泛，沒有明確需求，問題描述過於模糊；正確示範中則確定了背景（新創企業的創始人）、目標（制訂市場行銷策略）和需求（5種適合新創企業的市場行銷方法），使ChatGPT能夠給出具體的答案，幫助使用者解決問題。

二、實用方法

我們在使用ChatGPT檢索資訊時，可以參考以下步驟。

（1）確定需求：確定我們希望從ChatGPT處獲取的訊息是什麼。

（2）描述背景：提供相關背景和上下文，以便ChatGPT更好的理解問題。

（3）詳細描述問題：盡可能具體描述問題，可以分段提出多個問題。

（4）選擇關鍵字：選用合適的關鍵字，以提升搜尋效果。

（5）檢查結果：核對ChatGPT給出的答案，確保其符合預期，
　　　並視情況改進。

三、常見範本

　　實際應用中，我們可以結合檢索資訊的具體情境向ChatGPT提
出需求或問題，常見的各類場景、提問範例、關鍵字範本如下。

場景1：獲取某個基本概念

提問範例：「請解釋○○（關鍵字）在△△（領域）中的應用／意
義。」

場景2：獲取一些實用技巧

提問範例：「請提供○○（數字）種△△（領域）中實用的技巧類
型。」

場景3：查詢經營數據

提問範例：「請告訴我○○（公司名稱）的△△（數據類型）在過去
╳╳（時間段）的表現。」

場景4：獲取指導意見

提問範例：「作為一個○○（身分），我想了解△△（目標），請給
我提供一些建議。」

場景5：有問題想尋求解答

提問範例：「在○○（領域）中，我遇到了△△問題，請問如何解決？」

場景6：查詢相關案例

提問範例：「請提供○○（數字）個△△（領域）中具有代表性的案例。」

場景7：獲取最新趨勢和發展

提問範例：「請概述○○（領域）中近年來的最新趨勢和主要發展。」

場景8：尋求參考文獻或資料推薦

提問範例：「請推薦○○（數字）篇關於△△（主題）的優秀書籍、論文或其他資源。」

場景9：詢問操作步驟或流程

提問範例：「請簡要描述完成○○（任務）所需的操作步驟或流程。」

四、注意事項

我們在使用ChatGPT檢索、收集數據或訊息時，可能會遇到一些問題，這時要注意以下5點。

（1）時效性：ChatGPT的知識庫有一定時效，我們得到的資料可能不是最新的，因此我們需注意驗證訊息的時效性。

（2）準確性：ChatGPT雖然會力求提供準確的答案，但仍有可能出現錯誤，因此我們要自行判斷答案的準確性。

（3）深度：ChatGPT可以進行一定的深度分析，但在某些領域可能無法給出專業的建議，如有需要，應尋求專業人士的意見。

（4）法律責任：遵守法律規範，不要向ChatGPT詢問違法資訊。

（5）隱私保護：避免在問題中洩露個人隱私。

快速學習：
透過ChatGPT入門陌生學科

ChatGPT在幫助我們高效學習方面有重要作用，例如，可以幫助我們了解新領域的基本概念和理論，為我們提供有關陌生學科的發展歷程和未來趨勢的訊息，回答我們在學習過程中遇到的具體問題，推薦相關領域的資料、課程和專家等。

一、情景再現

☒ 錯誤示範

提問：我想了解量子運算，告訴我所有關於量子運算的東西。

回答：量子運算是……以下是關於量子運算的一些基本知識。

　　　1、量子位元：量子位元是量子運算的基本單位，它可以表示0和1兩種狀態的疊加態……

☑ 正確示範

提問：我是一名高中生，對量子運算感興趣，想要學習量子運算領域的知識，請簡要介紹一下量子運算的基本概念、基本原理和應用領域。

回答：量子運算是……以下是對量子運算的基本概念、基本原理和應用領域的簡要介紹。

　　1、基本概念：量子運算是一種基於量子力學原理的運算模型……

　　2、基本原理：量子運算的基本原理是量子疊加和量子糾纏……

　　3、應用領域：量子運算的應用領域包括量子化學、量子模擬、量子密碼學……

　　4、學習建議：如果您對量子運算感興趣，建議您從基礎物理知識開始學習，包括量子力學、量子場論……

　　正確示範中有明確指出提問者想要了解的具體方面（基本概念、基本原理和應用領域），於是ChatGPT便提供了有針對性的答案。

二、實用方法

　　我們在利用ChatGPT快速學習一門陌生學科時，可以參考以下步驟。

（1）確定目標：明確學習目標，清楚自己要了解的具體內容是什麼，如基本概念、發展歷程，還是應用場景等。

（2）清晰提問：將問題表述清楚，指明想要了解的具體面向。

（3）循序漸進：由淺入深提問，逐層了解目標學科。

（4）推薦資料：向ChatGPT請求推薦學習資料、課程或專家等。

三、常見範本

實際應用中，我們可以結合學習的具體情況向 ChatGPT 提出需求或問題，常見的各類場景、提問範例、關鍵字範本如下。

場景1：了解基本概念

提問範例：「請簡要介紹一下○○學科的基本概念和基本原理。」

場景2：了解發展歷程和未來趨勢

提問範例：「請描述○○學科的發展歷程和未來趨勢。」

場景3：解答具體問題

提問範例：「在學習○○學科的過程中，我遇到了△△問題，請問如何解決？」

場景4：推薦學習資料

提問範例：「請推薦一些關於○○學科的學習資料、課程或專家。」

場景5：了解應用場景

提問範例：「請列舉一些○○學科的實際應用場景及重點案例。」

場景6：了解主要技術和方法

提問範例：「請簡要介紹○○學科中的主要技術和方法。」

場景 7：了解核心問題和挑戰

提問範例：「請列舉○○學科領域的核心問題和挑戰。」

場景 8：了解學科相關的行業和從業者職業發展的情況

提問範例：「請介紹○○學科相關的行業和從業者職業發展情況。」

場景 9：尋求實際運用的建議

提問範例：「請提出一些在○○學科中實際運用的建議和技巧。」

情況 10：了解學科之間的關聯和交叉領域

提問範例：「請說明○○學科與△△學科之間的關聯和交叉領域。」

四、注意事項

我們在使用 ChatGPT 快速學習、了解陌生學科時，要注意以下 3 點。

（1）要有耐心：逐步深入了解目標學科，避免急功近利。
（2）注意驗證：ChatGPT 提供的資訊，尤其是涉及學術觀點和數 據的內容不一定能保證準確，而且也存在時效性問題，因此 要注意驗證。
（3）不同角度：遇到難以理解的問題時，可以嘗試多角度、多方 式提問，以獲得準確的答案。

3.3 知識圖譜：讓ChatGPT建立思維框架

ChatGPT可以幫助我們建立一個多維度、層次豐富的知識體系，解決在學習、工作和生活中遇到的實際問題。ChatGPT可以協助我們挖掘關聯知識，整合相關領域的訊息，理解和應用跨學科知識。

一、情景再現

⊠ 錯誤示範

某位使用者試圖用ChatGPT建立市場競爭分析的知識圖譜。

提問：告訴我市場競爭分析的知識圖譜。

回答：市場競爭分析是指對市場上的競爭格局、市場規模、市占率、競爭對手、消費者需求、產品定位等方面進行研究和分析，以制訂相應的市場行銷策略。以下是市場競爭分析的知識圖譜。

1、市場規模和市場成長率……

2、競爭格局……

3、消費者需求……

4、產品定位……

5、行銷管道……

6、市場行銷策略……

7、監測和評估……

☑ 正確示範

提問：請為我寫出一個關於手機市場競爭分析的知識圖譜，包括主要
　　　競爭對手、產品特點、市占率、銷售管道、競爭策略、市場趨
　　　勢等方面的內容。

回答：1、主要競爭對手：蘋果、三星、華為、小米、OPPO、vivo等
　　　　品牌。

　　　2、產品特點：包括……例如……

　　　3、市占率：各品牌在市場中擁有的市占率，包括……例如，
　　　　根據相關數據……全球智慧型手機市占率排名前5的品牌
　　　　分別是……

　　　4、銷售管道：手機的銷售管道包括……例如……

　　　5、競爭策略：各品牌為了在市場中獲取更高的市占率，採取
　　　　的競爭策略……例如……

　　　6、市場趨勢：隨著科技的不斷發展，手機市場也在不斷變
　　　　化，包括……

　　正確示範中的提問明確了具體的需求（關於手機市場競爭分析的
知識圖譜），提供了關鍵的訊息點（主要競爭對手、產品特點、市占
率、銷售管道、競爭策略、市場趨勢等），進而讓ChatGPT生成更能

滿足你需求的知識圖譜。

二、實用方法

我們在使用ChatGPT建立知識圖譜時,可以參考以下步驟。

（1）確定主題:明確知識圖譜的核心主題和範圍。

（2）提煉關鍵字:梳理與主題相關的關鍵訊息點。

（3）設計結構:構建知識圖譜的層次結構和關聯關係。

（4）優化細節:讓知識點的描述儘量完備,使知識圖譜更具價值。

三、常見範本

在實際應用中,我們可以結合建立知識圖譜的具體場景向ChatGPT提出需求或問題,常見的各類場景、提問範例、關鍵字範本如下。

場景1:確定主題

提問範例:「請幫我建立一個關於○○（主題）的知識圖譜。」

場景2:提煉關鍵字

提問範例:「請列舉○○（主題）知識圖譜中的關鍵訊息點。」

場景3：設計結構

提問範例：「請為○○（主題）的知識圖譜設計層次結構。」

場景4：優化細節

提問範例：「請完善○○（主題）知識圖譜中的△△（知識點）描述。」

場景5：分析相關性

提問範例：「請分析○○（主題）知識圖譜中的△△（知識點A）與
　　　　　✕✕（知識點B）的關聯性。」

場景6：擴展知識點

提問範例：「請為○○（主題）知識圖譜中的△△（知識點）添加更
　　　　　多相關訊息。」

場景7：知識圖譜應用

提問範例：「請舉例說明如何應用○○（主題）知識圖譜解決實際問
　　　　　題。」

場景8：知識圖譜更新

提問範例：「請更新○○（主題）知識圖譜中的△△（知識點），以
　　　　　反映最新的訊息。」

場景9：知識圖譜評估

提問範例：「請評估○○（主題）知識圖譜的有效性和實用性。」

四、注意事項

我們在用ChatGPT構建知識圖譜時，要注意以下3點。

（1）留意更新訊息：訊息會隨時間推移而發生變化，因此，定期更新知識圖譜中的訊息是十分有必要的。

（2）注意資訊來源：這裡同樣涉及資訊的時效性和真實性的問題，在涉及較新的資訊時，建議結合其他訊息來源進行核實。

（3）適度求助：雖然ChatGPT能夠支援知識圖譜的構建，但我們在學習和工作中不能完全依靠ChatGPT來解決問題，還應當透過查閱相關教材、學術期刊和新聞資料以及專家交流等形式，更系統性地建立屬於自己的知識圖譜。

學業規劃：
使用ChatGPT拆分知識組塊

當我們學習某個學科或某個新領域的知識時，很可能不知道該如何下手，不知道該按照怎樣的節奏學習。這時候，我們可以向ChatGPT提問，讓ChatGPT幫我們拆分該學科或領域的知識組塊，合理規劃學習時間，以確保每個知識組塊都能得到充分學習。

一、情景再現

☒ 錯誤示範

提問：我想了解如何提升學習效果。

回答：提升學習效果的方法有設定目標、管理時間、採用適當的筆記技巧、保持專注等⋯⋯

☑ 正確示範

提問：我是一名大三學生，計畫攻讀電腦科學碩士學位，請根據這個專業的知識體系，幫我拆分知識組塊並規劃學習任務。

回答：電腦科學專業主要的知識組塊包括數據結構與演算法、程式語言、作業系統、電腦網路等。針對這些知識組塊，你可

以⋯⋯（提供具體規劃建議）

正確示範中的提問明確指出自己的背景（大三學生，計畫攻讀電腦科學碩士學位）和需求（拆分知識組塊並規劃學習任務），這使ChatGPT能夠給出具有針對性和實用性的回答。

二、實用方法

我們在使用ChatGPT做學業規劃時，可以參考以下步驟。

（1）明確需求：確定具體的學業目標，如攻讀碩士學位、學習某項專業課程等。

（2）了解知識體系：了解所學領域的知識體系，將其拆分為不同的知識組塊。

（3）選擇課程：根據知識組塊選擇相應的課程，優先選擇基礎課程和核心課程。

（4）規劃時間：合理安排學習時間，確保每個知識組塊都能得到充分學習。

（5）採用合適的學習方法：如主動學習、分階段學習等，以提升學習效果。

三、常見範本

實際應用中，我們可以結合學業規劃的具體場景向ChatGPT提出需求或問題，常見的各類情境、提問範例、關鍵字範本如下。

場景1：課業計畫

提問範例：「我是一名○○（學生身分），計畫完成△△（學業目標），請根據這個專業的知識體系，幫我拆分知識組塊並規劃學習任務。」

場景2：課程選擇

提問範例：「請為○○（專業名稱）的學生推薦△△（類別）課程，以便他能更好地學習知識組塊。」

場景3：學習方法

提問範例：「請為我提供○○（數字）種在學習△△（知識組塊）時可以採用的有效學習方法。」

場景4：時間規劃

提問範例：「請為我設計一個○○（時間段）的學習計畫，以便我能更好地掌握△△（知識組塊）。」

場景5：實習機會

提問範例：「請為○○（專業名稱）的學生推薦△△（地區）的實習機會，以便累積實際經驗。」

場景6：研究方向

提問範例：「請介紹○○（專業名稱）的研究方向，並推薦一些具有

前景的研究方向。」

場景7：職業規劃

提問範例：「請為○○（專業名稱）畢業生推薦△△（數字）種職業方向，並簡要介紹每個方向的職業發展途徑。」

場景8：考試準備

提問範例：「我的背景是○○（背景訊息），請為我提供一份△△（考試名稱）的備考計畫和策略。」

四、注意事項

我們在使用ChatGPT做學業規劃時，要注意以下3點。

（1）說清楚領域：如果無法精準表述想要學習的領域，ChatGPT可能幫不上忙。當然，可以先透過向ChatGPT提問，來確定學習領域的關鍵字。

（2）調整規劃：ChatGPT提供的學業規劃通常是通用的，我們要根據自己的實際情況制訂適合自己的規劃。提供明確的背景和需求訊息有助於得到更精準的答案。

（3）落實執行：規劃不是擺設，關鍵是要落實。用ChatGPT生成學習規劃並不難，難的是執行。

課業輔導：
借ChatGPT提高學習成績

ChatGPT更容易查詢到相關學科的學習資料，能夠解答難題並說明原理和解答過程，因而可以用來進行課業輔導，幫助學生提高學習成績。

一、情景再現

☒ 錯誤示範

提問：我在學數學，學不會，怎麼辦？

回答：請提供更多關於你遇到的數學問題的詳細訊息，例如具體的題目或概念。這樣我才能更好地幫助你。

☑ 正確示範

提問：請幫我解這個二元一次方程式：$2x+3y=13$且$3x-2y=2$，要有解題方法、思路和過程。

回答：我們可以使用代入消去法來解決這個問題。

首先用3乘以第一個方程式，然後用2乘以第二個方程式，可以得到$6x+9y=39$和$6x-4y=4$兩個式子。

將兩個式子相減，得到13y＝35，因此y＝35/13。將y的值代入任意一個方程式，比如代入第一個方程式，則得到2x＋3×(35/13)＝13，因此解得x＝32/13。所以此二元一次方程式的解答為x＝32/13，y＝35/13。

相較於錯誤示範，正確示範中的使用者提供了更具體的問題，並且強調並不只是想要問題的答案，還想知道如何解題，這讓ChatGPT能夠給出有用的答案。

二、實用方法

我們在使用ChatGPT進行課業輔導時，可以參考以下步驟。

（1）明確需求：確定具體的輔導需求，如課程概念、學習方法、作業題目或考試技巧等。

（2）提供背景：提供足夠的背景訊息，如課程名稱、教材名稱、相關章節、題目難度等。

（3）拆分問題：將複雜問題拆分成多個簡單問題，逐一解決。

（4）優化提問：如果發現ChatGPT沒有解決問題，則使用清晰、簡潔、具體的提問方式，避免模糊、太過廣泛的描述。

（5）判斷答案：對ChatGPT給出的答案進行判斷和驗證，確保答案準確。

三、常見範本

實際應用中，我們可以結合課業輔導的具體場景向 ChatGPT 提出需求或問題，常見的各類場景、提問範例、關鍵字範本如下。

場景 1：課程概念輔導

提問範例：「請解釋○○（課程名稱）中的△△（概念），並給出╳╳（數字）個實例。」

場景 2：作業題目求解

提問範例：「請幫我解答○○（課程名稱）作業中的這個問題：△△（題目描述）。」

場景 3：解題步驟指導

提問範例：「請為我提供解決○○（題目類型）的詳細步驟。」

場景 4：學習計畫與方法

提問範例：「請為我制訂一個○○（課程名稱）的學習計畫，並推薦一些有效的學習方法。」

場景 5：考試準備建議

提問範例：「請給我提供一些關於準備○○（課程名稱）的△△（考試類型）考試建議。」

場景6：實驗報告指導

提問範例：「請幫助我完成這個○○（課程名稱）實驗報告的△△（報告部分），實驗主題是××。」

場景7：疑難問題解答

提問範例：「我遇到了一個關於○○（課程名稱）的難題，請幫我解答：△△（問題描述）。」

場景8：學術資源推薦

提問範例：「請推薦一些關於○○（課程名稱）的△△（主題）學術資源，如書籍、論文、網站等。」

四、注意事項

正確運用ChatGPT，不僅能幫助我們深刻理解和靈活運用知識，而且能使我們切實提高學習成績。不恰當使用ChatGPT，過分依賴ChatGPT，反而可能影響學習成績。我們在使用ChatGPT進行課業輔導時，要注意以下3點。

（1）不得違規：不要將ChatGPT用於違法、違規、不道德的目的。

（2）驗證真偽：一定不要無條件相信ChatGPT給出的答案，要驗證其真偽。

（3）適度運用：不要過度依賴ChatGPT，要合理、適度地運用。

3.6 學術研究：ChatGPT幫助深度學習

ChatGPT在學術研究方面有廣泛的應用，主要包括文獻查找與整理、實驗設計與分析、數據處理與視覺化、學術交流與合作、研究成果展示以及學術資源整合等。

一、情景再現

☒ 錯誤示範

使用者希望ChatGPT查找關於人工智慧主題的文獻。

提問：我在寫人工智慧相關的論文，請幫我找一下這方面的學術文獻。

回答：1.《*A Few Useful Things to Know About Machine Learning*》by Pedro Domingos (2012)……

這些文獻涉及人工智慧領域的多個方面，包括深度學習、強化學習、生成對抗網路、自然語言處理等。希望能對您有所幫助。

因為人工智慧這個主題過於廣泛，且提問者沒有提供具體的研究方向，可能導致得到的答案並不是自己需要的。

☑ **正確示範**

提問：請為我推薦5篇主題是關於人工智慧在醫療領域的應用，且被
　　　引用次數排名在前的高品質論文，並附上論文摘要和關鍵字。

回答：1.《*Deep learning as a tool for increased accuracy and efficiency
　　　 of histopathological diagnosis*》by Geert Litjens et al. (2016).

　　　摘要：Deep learning algorithms, in particular convolutional
　　　　　 neural networks (CNNs), have recently shown remarkable
　　　　　 progress in image-recognition tasks……

　　　關鍵字：deep learning, convolutional neural networks, breast
　　　　　　 cancer, histopathological diagnosis……

　　使用者明確指定了研究主題（人工智慧在醫療領域的應用）、篩
選要求（被引用次數排名在前面的高品質論文）、數量（5篇）和格
式要求（附上論文摘要和關鍵字），這使ChatGPT能夠準確提供符合
需求的論文。

二、實用方法

　　我們在使用ChatGPT做學術研究時，可以參考以下步驟。

（1）明確主題：在提出需求時，確定自己的學術研究主題和期望
　　　達到的目標，這有助於獲得更有針對性的答案。

（2）提供詳細資訊：為ChatGPT提供足夠的背景訊息和具體要
　　　求，以便生成更符合需求的答案。

（3）指定格式和要求：在資料處理或內容寫作等方面，指定所需的格式和要求，確保其提供的內容符合學術規範。

（4）回饋調整：對ChatGPT提供的內容進行回饋和調整，以優化結果。

（5）結果整合：將ChatGPT提供的各種資訊和建議整合到實際研究中，以提高研究品質。如果出現問題，持續向ChatGPT提問，或提供詳細資訊讓ChatGPT分析。

三、常見範本

在實際應用中，我們可以結合學術研究的具體場景向ChatGPT提出需求或問題，常見的各類場景、提問範例、關鍵字範本如下。

場景1：文獻查詢

提問範例：「請推薦○○（數字）篇關於△△（主題）的╳╳（文獻類型），並提供□□（訊息要求）。」

場景2：實驗設計

提問範例：「我正在研究○○（主題），請幫助我設計一個△△（實驗類型），以驗證╳╳（假設）。」

場景3：數據處理

提問範例：「請使用○○（分析方法）對這些△△（數據類型）進行

分析，並提供╳╳（結果要求）。」

場景4：視覺化

提問範例：「請為這些○○（數據類型）建立一個△△（圖表類型），以展示╳╳（關鍵指標）之間的關係。」

場景5：學術交流

提問範例：「我將參加一個關於○○（主題）的學術會議，請幫我準備一場△△（演講時長）的╳╳（演講類型）。」

場景6：研究成果展示

提問範例：「請為我建立一個關於○○（主題）研究成果的△△（展示形式），內容包括╳╳（關鍵成果）和□□（焦點）。」

場景7：學術資源整合

提問範例：「我需要整合關於○○（主題）的學術資源，請幫我找到△△（資源類型）的資源，並按╳╳（分類方式）進行整理。」

場景8：合作建議

提問範例：「我希望與○○（領域）的專家合作研究△△（主題），請為我推薦╳╳（數字）位可能達成合作的專家，列出他們的姓名及研究方向。」

四、注意事項

善用ChatGPT，必將提高我們的學術研究水準；濫用ChatGPT，不僅可能無法幫助我們在學術研究方面取得成果，而且還為自己的學術研究帶來災難。我們在應用ChatGPT進行學術研究時，要注意以下4點。

（1）核實評估：雖然ChatGPT具有強大的學術研究能力，但使用者仍需要對其給出的答案進行核實和評估，確保答案的準確性和可靠性。

（2）智慧財產權：在使用ChatGPT進行學術交流和合作時，要注意保護智慧財產權和遵循學術倫理。

（3）理解指導：在與ChatGPT進行學術對話時，ChatGPT可能存在理解偏差。如遇到這類問題，可以嘗試調整提問方式及關鍵字。

（4）結合實際：ChatGPT雖然可以幫助使用者提高多方面的學術研究能力，但仍需依賴使用者的主觀判斷和實際操作。因此，在使用ChatGPT進行學術研究時，還需要結合自身的專業知識和實際經驗。

翻譯工具：讓 ChatGPT 完成翻譯

ChatGPT 可以作為翻譯工具。我們可以利用 ChatGPT 將外文翻譯成中文，以便理解其中的內容，也可以將中文翻譯成外文，這樣就能向外國朋友、同事或客戶展示相關內容。

一、情景再現

☒ 錯誤示範

提問：我想把「我喜歡吃蘋果」這句話翻譯成英文，該怎麼做？

回答：你可以使用線上翻譯工具，例如 Google 翻譯，將中文翻譯成英文。

☑ 正確示範

提問：請將「我喜歡吃蘋果」這句話翻譯成英文。

回答：這句話的英文是：I like eating apples.

錯誤示範中提問的關鍵字落在了「該怎麼做」，而不是直接要求 ChatGPT 進行翻譯，因此 ChatGPT 推薦了一個翻譯工具；正確示範中的提問提出了具體的翻譯要求，於是得到了期望的結果。

二、實用方法

我們在使用ChatGPT進行翻譯時，可以參考以下步驟。

（1）明確需求：明確語言轉換需求，例如將中文翻譯成英文，或者將英文翻譯成中文。

（2）精確提問：提供具體的翻譯內容和翻譯文件，以便ChatGPT準確地理解問題並提供相關譯文。

（3）校對譯文：在使用ChatGPT生成的譯文前，務必進行文稿校對，以確保譯文準確無誤。

三、常見範本

實際應用中，我們可以結合翻譯的具體場景向ChatGPT提出需求或問題，常見的各類場景、提問範例、關鍵字範本如下。

場景1：單字翻譯

提問範例：「請將○○（單字）從△△（原語言）翻譯成╳╳（目的語言）。」

場景2：句子或段落翻譯

提問範例：「請將這句○○（原語言）翻譯成△△（目的語言）：句子／段落內容。」

場景 3：詢問詞語用法

提問範例：「請告訴我如何用〇〇（目的語言）描述△△（中文詞語）。」

場景 4：翻譯電子郵件

提問範例：「請幫我將這封〇〇（原語言）電子郵件翻譯成△△（目的語言）：郵件內容。」

場景 5：翻譯網站內容

提問範例：「請將以下〇〇（原語言）網站頁面翻譯成△△（目的語言）：網址。」

場景 6：翻譯檔案

提問範例：「請幫我將這份〇〇（原語言）檔案翻譯成△△（目的語言）：檔案連結或附件。」

場景 7：翻譯影視作品

提問範例：「請將這部〇〇（原語言）影視作品中的片段描述翻譯成△△（目的語言）。」

場景 8：翻譯演講稿

提問範例：「請幫我將這篇〇〇（原語言）演講稿翻譯成△△（目的

語言）：演講稿內容。」

場景9：翻譯技術文檔

提問範例：「請將這份〇〇（原語言）技術文件翻譯成△△（目的語言）：文件內容。」

四、注意事項

　　儘管ChatGPT可以進行翻譯，但我們在應用ChatGPT進行翻譯時，要注意以下4點。

（1）誤差：ChatGPT生成的翻譯結果可能存在誤差，尤其是在翻譯複雜句子、長句或專業術語時。使用ChatGPT生成的翻譯結果之前，務必進行校對和修改。

（2）保密：對於敏感或需要保密的資訊，不建議使用ChatGPT進行翻譯，以免洩露。

（3）避免口語：謹慎使用過於口語化、有較多俚語或網路用語的文本，因為ChatGPT可能難以理解或翻譯不準確。

（4）局限：ChatGPT雖然可以處理多種語言之間的翻譯，但並不一定能翻譯世界上的每一種語言。另外，ChatGPT可能無法準確處理一些特定領域或行業的專業術語。借助ChatGPT處理這些領域的翻譯時，要特別注意其翻譯結果的準確性，並在必要時尋求專業人士的幫助。

第 **4** 章

ChatGPT 促進職業發展

ChatGPT 這一強大的人工智慧工具能幫助職場人精準地找到職業發展方向，合理地規畫職業發展途徑，讓職場人更加從容、自信地應對各種挑戰，在工作上脫穎而出，在職業生涯中取得更好的成績。

4.1　技能提升：用ChatGPT提升職場技能

　　ChatGPT可以提升職場技能，幫助職場人解決工作中的各類問題，為職場人提供各類工作技巧，提高職場人的管理能力和領導能力，幫助職場人成功勝任工作。

一、情景再現

☒ 錯誤示範

提問：我想提升自己的職場技能，該怎麼做？

回答：提升職場技能可以從多方面著手進行，例如提高溝通能力、學習時間管理技巧、提高團隊合作能力等。你可以根據自己的需求和興趣，選擇適合的方向進行學習和提升。

☑ 正確示範

提問：我想提升自己的時間管理能力，該怎麼做？

回答：要提高自己的時間管理能力，可以考慮以下幾點。

　　1、制訂計畫：制訂出每天、每週、每月的計畫表，列出需要完成的任務和目標。確保任務和目標是具體、可衡量的，並給每個任務和目標設置截止日期。

2、分配優先順序：將任務和目標按照優先順序排序，先處理重要且緊急的事情，然後再去處理不那麼緊急但同樣重要的任務。

3、集中精力：將注意力集中在一個任務上，避免分散注意力，提高效率。

4、制訂時間限制：給每個任務設置一個時間限制，保證在規定時間內完成任務。

5、避免拖延：遇到困難或者壓力大的任務時，不要拖延，嘗試分解任務，分步驟完成。

6、休息放鬆：合理分配工作和休息時間，避免過度疲勞和壓力，以保持精力和效率。

7、使用工具：使用一些工具和應用程式，例如待辦事項清單、時間追蹤工具和提醒的應用程式，以協助管理時間。

最後，堅持練習，持續努力和集中注意力，才能真正提高時間管理能力。

錯誤示範中的提問沒有明確指出想要提升的具體技能，導致ChatGPT給出了一個較為通用的答案；正確示範中的提問明確表示想知道如何學習時間管理方法，於是ChatGPT給出了具體的方法和建議。

二、實用方法

我們在使用ChatGPT提升職場技能時，可以參考以下步驟。

（1）明確需求：確定你希望從ChatGPT獲得的具體職場技能提升方向，如時間管理、團隊合作等。

（2）細化需求：將需求細化為具體的問題，以便ChatGPT更準確地理解和回答。

（3）運用關鍵字：在提問時，儘量使用與職場技能相關的關鍵字，以提高問題的準確性和可理解性。

（4）提供背景：在提問時，可以提供足夠的背景訊息，以便ChatGPT更好理解問題發生的具體狀況。

（5）學以致用：將ChatGPT的回答應用到實際工作中，逐步提升自己的職場技能。

三、常見範本

實際應用中，我們可以結合提升職場技能的具體場景向ChatGPT提出需求或問題，常見的各類場景、提問範例、關鍵字範本如下。

場景1：時間管理

提問範例：「我○○（基本情況），如何運用△△（時間管理方法）來提高我的工作效率？」

場景2：提升演講表現

提問範例：「我○○（描述自身狀況），請分享一些△△（演講技巧），以便我在××（場合）中表現得更好。」

場景3：團隊合作與溝通

提問範例：「我○○（描述自身狀況），如何在△△（團隊情境）中提高我的××（溝通技巧），以提升團隊合作效果？」

場景4：專案管理方法

提問範例：「我○○（描述自身狀況），請教我如何運用△△（專案管理方法）來更好地完成××（專案類型）的工作？」

場景5：培養創新思維

提問範例：「我○○（描述自身狀況），如何培養△△（創新思維技巧），以便我在××（工作領域）中發揮更大的創造力？」

場景6：提升職場軟技能

提問範例：「我○○（描述自身狀況），請告訴我如何在△△（職場情境）中提升我的××（軟技能），以便更好地應對各種挑戰？」

場景7：解決工作中的問題

提問範例：「我○○（描述自身狀況），在△△（工作問題）的情況

下，如何運用╳╳（解決策略）來應對並解決問題？」

場景8：提高領導力

提問範例：「我○○（描述自身狀況），請教我如何提高領導力，以便在△△（領導的情境）中更好地領導團隊？」

四、注意事項

　　儘管ChatGPT能有效提升職場技能，但我們在應用ChatGPT進行職場技能提升時，要注意以下3點。

（1）可實施性：無法實施的建議沒有意義，當ChatGPT提供的答案不具備可實施性時，可以向ChatGPT追問具體的實施方法或步驟。

（2）有針對性：每個人所處的職業階段不一樣，能力水準也不一樣，提供ChatGPT足夠的背景訊息，有助於ChatGPT給出更有針對性的答案。

（3）提供案例：在需要獲取具體實踐方法時，可以要求ChatGPT提供案例。

4.2 職業規劃：
使用ChatGPT找對職業發展路徑

ChatGPT可以提供職業發展途徑規劃、技能提升、行業趨勢分析等職業規劃方面的建議，幫助我們找到合適的職業發展道路。透過與ChatGPT的交流，我們可以更好地了解自己的優勢、興趣，發現自己的潛力，為自己的職業生涯制訂明確的規劃。

一、情景再現

☒ 錯誤示範

提問：我在找工作，有沒有好工作推薦一下？

回答：請提供更多關於您的從業背景、興趣和技能等訊息，以便為您
　　　提供更有針對性的建議。

☑ 正確示範

提問：我是擁有3年軟體研發經驗的程式設計師，熟悉Python和Java
　　　程式語言，我對人工智慧感興趣，接下來我應該如何規劃我的
　　　職業生涯？

回答：您可以考慮繼續深入學習人工智慧的相關知識，如機器學習、

深度學習等，並嘗試參與相關專案，以提高自己在這一領域的競爭力。同時，了解行業趨勢和發展方向，關注前沿技術和研究，有助於您把握未來的發展機會……

與錯誤示範相比，正確示範中的提問更具體、明確，提供足夠的個人背景資訊，使ChatGPT能給出具針對性的建議。

二、實用方法

我們在使用ChatGPT做職業規劃時，可以參考以下步驟。

（1）明確目標：確定自己希望從ChatGPT那獲得的具體建議類型，如職業規劃、技能提升等。

（2）提供背景：向ChatGPT提供詳細的個人背景訊息，如教育背景、工作經歷、技能、興趣等。

（3）關注細節：在提問中描述細節，包括個人的職業目標、期望的發展路徑等。

（4）總結回饋：根據ChatGPT給出的建議，總結提煉出對自己職業發展有幫助的關鍵訊息，並對沒有操作空間的回答進行追問。

三、常見範本

實際應用中，我們可以結合職業規劃的具體場景向ChatGPT提出需求或問題，常見的各類場景、提問範例、關鍵字範本如下。

場景1：探索職業興趣領域

提問範例：「我○○（描述自身背景），我對△△（興趣領域）感興趣，接下來我應該如何規劃我的職業生涯？」

場景2：職業前景探索

提問範例：「我在○○（行業）工作已有××（數字）年，我想了解△△（技能）在該行業的發展趨勢和前景，請給些建議。」

場景3：諮詢提升技能的建議

提問範例：「我目前擔任○○（職位），想要提升自己的△△（技能），請提供一些建議。」

場景4：諮詢行業發展的趨勢

提問範例：「作為一名○○（行業）從業者，我想了解○○（行業）未來的發展趨勢，請給些建議。」

場景5：諮詢轉行的建議

提問範例：「我想轉行到○○（行業），請提供我該如何開始準備以及需要掌握哪些技能的建議。」

場景6：尋求突破瓶頸

提問範例：「我目前的職業發展遇到了瓶頸，○○（具體問題），請

給我一些該如何突破這個瓶頸的建議。」

場景 7：諮詢某行業內職位轉換的建議

提問範例：「我想要在○○（行業）找到一個更好的職位，請給我一些該如何尋找和準備面試的建議。」

場景 8：諮詢職位晉升的建議

提問範例：「我計畫在○○（時間）內晉升到△△（目標職位），請給我一些該如何實現這個目標的建議。」

場景 9：諮詢技能組合的建議

提問範例：「我對○○（技能／領域）感興趣，如何將它與我現在從事的職業相結合？」

四、注意事項

　　ChatGPT 雖然可以幫助我們做職業規劃，但如果用不好，反而可能弄巧成拙，影響我們的職業規劃和未來發展。我們在利用 ChatGPT 進行職業規劃時，要注意以下 4 點。

（1）僅供參考：ChatGPT 提供的建議僅供參考，千萬不要照單全收，我們要結合自己的實際情況進行判斷和決策。

（2）詢問專家：要詢問專家的建議，在特別行業、特定職務上工

作多年的專家往往比ChatGPT更有發言權，這些專家的親身經驗往往會給我們帶來更多有價值的訊息，我們可以把ChatGPT給出的建議和專家給出的建議結合在一起。

（3）持續更新：職業規劃和發展是一個長期過程，我們在實際操作中可能需要不斷地調整和優化自己的職業發展途徑。實際成效還要看我們自己的努力和實踐。

（4）切實地努力：職業發展途徑需要規劃，實現職業發展路徑需要行動。職業發展不能只靠想的，還要實際動手去做，我們需要不斷地反思、學習和成長，才能真正實現自己的職業目標。

4.3　改寫簡歷：借ChatGPT表現更優秀的自己

　　簡歷是職場人展現自己的工具，然而不少人不懂如何潤飾簡歷，不知道如何寫出一份吸引人的簡歷。這項工作當然也可以交給ChatGPT完成。ChatGPT可以幫助我們生成和改寫簡歷，展現自己的優勢和能力，使簡歷更加出彩。

一、情景再現

⊠ 錯誤示範

提問：我該怎麼改簡歷？

回答：改簡歷可以按照以下步驟進行。

　　1、重新審視自己的簡歷：看看哪些方面可以改進……

　　2、重新定義自己的目標：根據自己的職業目標和求職方向，重新調整簡歷的內容和形式……

　　3、凸顯重點：在簡歷中凸顯自己的優勢，包括技能、工作經驗、教育背景和成就等……

　　4、更新內容：……

　　5、注意格式和排版：……

6、仔細校對……

☑ 正確示範

提問：我是有5年Java開發經驗的軟體工程師，希望申請○○公司高
　　　級軟體工程師的職位。這是職務要求（附上職務要求），這是
　　　我的簡歷草稿（附上簡歷內容）。請根據我所提供的資料，幫
　　　我修改簡歷，並凸顯我的技能和經驗。

回答：根據您提供的資料，我為您修改了以下內容。
　　　在開頭部分，增加了概括您的專業技能和經驗的介紹……在
　　　工作經驗部分，修改了……

　　　正確示範中，用戶不僅向ChatGPT說明自己的情況，還把需要
ChatGPT知道的訊息和需要ChatGPT修改的資料全部包含在問題中，
進而讓ChatGPT回答出他想要的訊息。

二、實用方法

　　我們在使用ChatGPT改寫簡歷時，可以參考以下步驟。

（1）提供背景訊息：在向ChatGPT提問時，務必提供自己的相
　　　關經歷、技能等訊息，以便ChatGPT能夠充分了解情況，
　　　進而給出更有針對性的建議。如果是針對某個職務的求職，
　　　最好能提供職務或公司的相關訊息。

（2）明確需求：確定自己具體想要改進簡歷的哪些方面，例如凸

顯技能、優化工作經歷描述、調整排版等。

（3）提供原始簡歷：將自己的原始簡歷提供給ChatGPT，便於其
　　了解原始簡歷的結構和內容。

（4）針對性修改：根據ChatGPT的建議，對簡歷進行針對性的
　　修改。

三、常見範本

　　實際應用中，我們可以結合改寫簡歷的具體情境向ChatGPT提
出需求或問題，常見的各類場景、提問範例、關鍵字範本如下。

場景1：凸顯專業技能

提問範例：「我具有○○（數字）年的△△（專業領域）經驗，擅長
△△（技能1）、□□（技能2）和××（技能3），請幫我在簡歷中
凸顯這些技能。」

場景2：優化工作經歷描述

提問範例：「在○○公司擔任△△職位期間，我完成了□□（主要業
績）。請幫我優化這段經歷的描述。」

場景3：調整排版和設計

提問範例：「請根據我的○○（行業）和△△（求職目標），為我的
簡歷提供合適的排版和設計建議。」

場景4：撰寫自我介紹

提問範例：「請幫我根據我的○○（背景）和△△（求職目標），撰寫一段吸引人的自我介紹。」

場景5：調整教育背景的描述

提問範例：「我在○○（學校名稱）獲得了△△（學位類型）學位，專業是╳╳（專業名稱）。請幫我優化這段教育經歷的描述。」

場景6：結合實際情況添加專案經驗

提問範例：「請結合○○（實際情況）幫我在簡歷中添加與△△（求職方向）相關的經驗，並凸顯我的貢獻。」

場景7：優化技能描述

提問範例：「我熟練掌握○○（技能），請為我提供關於這項技能有趣且專業的表述。」

場景8：描述個人優點

提問範例：「我具有○○（優點1）、○○（優點2）和○○（優點3）的優點，請幫我在簡歷中融入這些優點。」

場景9：撰寫求職信

提問範例：「根據我的○○（背景）和△△（求職目標），請幫我撰

寫一封吸引人的求職信。」

四、注意事項

ChatGPT雖然可以幫助我們建立和改寫簡歷，但假如我們操作不當，則可能達不到預期效果。我們在利用ChatGPT建立和改寫簡歷時，要注意以下5點。

（1）字數限制：最好為需要的內容設定字數限制，以確保內容精煉、易於閱讀，符合簡歷的特點。

（2）行業特點：在應用ChatGPT建立和改寫簡歷時，要注意說明行業特點，確保簡歷內容與目標行業以及職位相關。

（3）訊息全面：確保我們向ChatGPT提供的資訊是足夠、全面、最新的，以便提供的內容準確反映我們目前的職業背景和技能情況。

（4）多個建議：我們可以主動要求ChatGPT提供多個不同的建議，然後綜合參考並選擇最適合我們的建議。

（5）實事求是：在使用ChatGPT建立和改寫簡歷時，確保提供的訊息真實可靠，避免虛假誇大，以免影響求職信譽。

4.4　面試技巧：透過 ChatGPT 的助力來獲得心儀職位

　　很多職場人不擅長求職面試，不少人其實自身條件很優秀、能力很強，但到面試時就成了「茶壺裡煮餃子──肚裡有貨倒不出」，不知道如何展現自己的優秀。巧用 ChatGPT，能夠幫助我們提升面試技巧，進而獲得心儀的職位。

一、情景再現

☒ 錯誤示範

提問：我想知道如何在面試中表現得更好。

回答：要在面試中表現得更好，你需要注意以下幾點。

　　　　1、做好準備。

　　　　2、保持自信。

　　　　3、表現你的技能和經驗。

　　　　4、提前了解公司……

☑ 正確示範

提問：我即將參加市場行銷職務的面試，根據這個職務的要求和職

責，你能提供我一些建議來幫助我在面試中脫穎而出嗎？

回答：市場行銷職務的面試，你可以注意以下幾點。

1、展現你的市場行銷知識和實際經驗，例如提到你曾經成功完成的行銷活動。

2、強調你的創新能力和團隊合作精神。

3、研究面試公司的產品和市場定位，提出針對性的建議。

4、準備一些常見的市場行銷面試問題，例如：「如何制訂一份成功的行銷方案？」……

正確示範中的提問明確了需求，提供足夠的背景訊息，使ChatGPT能夠提出具體、有針對性的建議，進而更能解決實際問題。

二、實用方法

我們在使用ChatGPT提升面試技巧時，可以參考以下步驟。

（1）明確需求：所謂面試技巧是很廣泛的，我們要確定自己具體需要提升哪方面的面試技巧，例如自我介紹、回答某類問題、薪酬談判等。

（2）提供背景：提供ChatGPT足夠的背景訊息，包括面試職務、行業、公司等方面。

（3）設定目標：明確希望在面試中達到的目標，如展現專業能力、展現溝通能力、強調大局意識等。

（4）回饋調整：根據ChatGPT給出的建議，找身邊的人進行模

擬面試，並向ChatGPT回饋效果，以便不斷優化解決方案。

三、常見範本

實際應用中，我們可以結合提升面試技巧的具體情境對ChatGPT提出需求或問題，常見的各類場景、提問範例、關鍵字範本如下。

場景1：優化自我介紹

提問範例：「我將參加○○（職務）的面試，需要準備自我介紹，請幫我針對這個職務優化我的自我介紹。」

場景2：回答面試問題

提問範例：「我即將參加○○（職務）的面試，請針對這個職務為我提供5個可能被問到的問題和回答建議。」

場景3：提問環節

提問範例：「我將面試○○公司的△△（職務），請為我提供3個在面試結束時可以向面試官提的問題。」

場景4：研究行業

提問範例：「請為我提供關於○○（行業）的最新發展趨勢和市場動態的訊息，以便我在面試△△（職務）時表現出對該行業的了解。」

場景5：研究公司

提問範例：「請告訴我○○公司的核心業務、企業文化和最近的發展狀況，以便我在面試△△（職務）時表現出對該公司的了解。」

場景6：展示能力

提問範例：「我將面試○○（職務），請根據這個職務的職責，結合我的△△（實際情況），幫我潤飾一個典型案例來展現我的△△（能力）。」

場景7：應對壓力面試問題

提問範例：「請提供我3個針對○○（職務）可能出現的壓力面試問題及合適的回答建議。」

四、注意事項

儘管ChatGPT能夠提升我們的面試技巧，但如果應用不當，也不能達到預期效果。我們在利用ChatGPT提升面試技巧時，要注意以下3點。

（1）保持互動：在向ChatGPT提問時，可以適當與ChatGPT保持互動，讓它更多、更全面地了解我們的實際情況，以便提供更實用的建議。

（2）實際回饋：將ChatGPT提供的建議應用於實際面試，根據

實際效果向ChatGPT回饋，進而優化解決方案。

（3）多做準備：在實際面試中可能遇到各種類型的問題，提前做好充足的準備，有助於我們面試成功。

4.5 溝通鍛鍊：
巧用 ChatGPT 掌握溝通技巧

　　設定情景和背景，讓 ChatGPT 扮演某個角色，刻意地、持續地與 ChatGPT 進行對話練習，可以在一定程度上提高我們的溝通能力。當然，我們也可以直接詢問 ChatGPT 在不同情況下如何提高溝通能力。

一、情景再現

⊠ 錯誤示範

提問：如何提高溝通能力？

回答：提高溝通能力可以從以下幾個方面入手。

> 1、傾聽。
>
> 2、表達清晰。
>
> 3、保持耐心。
>
> 4、增強自信。
>
> 5、培養同理心……

☑ 正確示範

提問：我是一名產品經理，團隊成員共有5名，我該如何在團隊合作中提高自己的溝通能力？

回答：作為一名產品經理，在團隊合作中提高溝通能力可以嘗試以下方法。

　　1、梳理需求，確保溝通目的明確。

　　2、積極回應團隊成員的意見和建議。

　　3、定期舉行團隊溝通會議，提高團隊凝聚力。

　　4、學會用簡潔明瞭的語言表達想法……

　　正確示範中的提問提供了具體的職業背景和狀況訊息，使ChatGPT能夠給出更有針對性的建議。

二、實用方法

　　我們在借助ChatGPT提高溝通能力時，可以參考以下步驟。

（1）明確場景：描述我們所面臨的具體情況，包括職業、環境等方面，同時可以給ChatGPT一個角色，讓ChatGPT模擬該角色和自己對話。

（2）明確需求：闡述我們希望解決的問題或達到的目標，讓ChatGPT輸出的對話內容可以幫助我們實現目標。

（3）適時引導：如果ChatGPT的回答偏離主題，可以適時地提出問題，來引導ChatGPT的回答更符合需求。

（4）調整回饋：如果發現ChatGPT並未理解我們的需求，可以對ChatGPT的回答進行回饋，並提出修改意見，或在澄清後重新開始對話。

三、常見範本

實際應用中，我們可以結合溝通的具體場景向ChatGPT提出需求或問題，常見的各類情況、提問範例、關鍵字範本如下。

場景1：提高職場溝通能力

提問範例：「我是○○（職業），在△△（情境）中，如何提高我的溝通能力？」

場景2：解決團隊衝突

提問範例：「我是○○（職業），如何在△△（情境）中化解團隊產生的╳╳（類型）衝突？」

場景3：提升演講技巧

提問範例：「我需要在○○（場合）中進行關於△△（主題）的演講，如何提升我的演講技巧來獲得更好的表現？」

場景4：跨部門合作溝通

提問範例：「作為○○（職業），如何與△△（部門）順暢溝通以順

利推進╳╳（專案）？」

場景5：管理客戶關係

提問範例：「在○○（業務情境）中，如何與△△（客戶類型）進行有效溝通，以提升客戶滿意度？」

場景6：員工管理和激勵

提問範例：「作為○○（管理者職位），如何透過溝通提高團隊士氣和工作效率？」

場景7：團隊活動

提問範例：「我們將舉行一個○○（團隊活動），如何透過溝通增進團隊成員之間的默契？」

場景8：商業談判技巧

提問範例：「我將參加一場○○（商業談判），如何提升我的談判技巧，以為我方爭取到更好的合作條件？」

場景9：網路溝通技巧

提問範例：「在○○（線上情境）中，如何提升我的網路溝通技巧來表達觀點和解決問題？」

四、注意事項

ChatGPT雖然可以幫助我們提高溝通能力，但我們在應用時要注意以下3點。

（1）認清現實：ChatGPT雖然可以模擬人類和我們對話，但人類的複雜遠超過ChatGPT，不要認為能有效和ChatGPT模擬的角色對話，就可以在現實中毫無阻礙地和這類角色對話。

（2）僅為輔助：和ChatGPT對話能輔助自己提高溝通能力，但在真實情況下和真人對話的鍛鍊效果更佳。

（3）技巧應用：想要提高能力要靠實際行動來落實，ChatGPT給出的不同情境下的溝通方法和技巧，只有在真正應用後才有助於提高溝通能力。

社交技巧：
使用 ChatGPT 改善人際關係

社交是人們必備的技能，卻也是很多人的軟肋。ChatGPT 可以幫助我們提高社交能力，避免社交焦慮，改善人際關係，為我們提供在不同場合下得體、有效的社交建議和技巧。

一、情景再現

⊠ 錯誤示範

提問：如何讓我變得更受歡迎？

回答：要變得更受歡迎，你可以嘗試更常與人交流，展現自己的才華，保持樂觀的心態，並關心他人……

☑ 正確示範

提問：我大學剛畢業，沒接觸過職場，馬上就要開始職場生活了，我該如何與同事合作呢？

回答：對於剛畢業的新人來說，適應職場需要一定的時間。以下是一些建議，可幫助您在職場中與同事合作。

1、理解公司文化和團隊氛圍：了解公司的文化和團隊氣氛，

包括……

2、學會傾聽和溝通：傾聽和理解別人的觀點……

3、尊重他人和建立信任：尊重他人的工作和生活……

4、主動承擔任務：在工作中，主動承擔並完成任務……

5、維護好個人形象：在職場中，個人形象非常重要……

正確示範中的提問設定了身分，交代了背景，而且給出與同事合作的需求，這讓ChatGPT能夠提供更有針對性的答案。

二、實用方法

我們在使用ChatGPT提升社交技巧、改善人際關係時，可以參考以下步驟。

（1）明確目標：確定自己希望在社交技巧方面提升的具體領域，如溝通技巧、人際關係處理等。

（2）提煉關鍵字：根據目標領域，提煉出關鍵字，以便向ChatGPT提問。

（3）結合情況：結合實際情況，描述自己遇到的問題，進而獲得具體的解決方案。

三、常見範本

實際應用中，我們可以結合不同的社交場景向ChatGPT提出需求或問題，常見的各類場景、提問範例、關鍵字範本如下。

場景 1：詢問交際禮儀

提問範例：「在○○（場合）中，如何表現得體的交際禮儀？」

場景 2：提升溝通技巧

提問範例：「請給我一些在○○（情況）中提升溝通技巧的建議。」

場景 3：處理人際關係

提問範例：「在○○（關係類型）中，如何處理△△（問題），以改善人際關係？」

場景 4：應對社交場合

提問範例：「在○○（場合）中，我應該如何應對△△（問題），以保持良好的社交形象？」

場景 5：朋友圈的擴展與維護

提問範例：「如何在○○（情況）中擴展朋友圈，並維護現有的朋友關係？」

場景 6：建立信任

提問範例：「在○○（關係類型）的互動中，如何建立信任？」

場景 7：網路社交技巧

提問範例：「請給我一些能幫助我在○○（網路平臺）上提升社交好感度的社交技巧。」

場景 8：建立良好的職場人際關係

提問範例：「在職場中，如何與○○（角色）建立良好的人際關係？」

場景 9：避免社交焦慮

提問範例：「請給我一些關於在○○（情境）中避免社交焦慮的建議。」

四、注意事項

ChatGPT雖然可以幫助我們掌握社交技巧、改善人際關係，但我們在應用時要注意以下3點。

（1）注意情況：不同社交情況下的社交技巧是不同的，有些慣例甚至可能是相反的，所以在向ChatGPT提問時應交代清楚情況和背景。

（2）結合實際：ChatGPT給出的建議可以作為參考，應用時要結合自己的性格特質和實際情況適度調整。

（3）保持善意：人際交往不是簡單的「1＋1＝2」，很多時候沒有一定的規則，雖然具體的交往方式可能有所不同，但有一點是相通的，那就是保持善意。

4.7 修飾話術：使用 ChatGPT 回覆各類問題

　　同樣一件事，用不同的方式來表達，可能會產生不同的效果。ChatGPT 可以幫助我們修飾話術，讓我們在不同場合用恰當的方式回覆各類問題。

一、情景再現

☒ 錯誤示範

提問：我該如何回覆上司的問題？

回答：在回覆上司的問題時，應遵循以下幾個原則。

　　　　1、保持敬意……

　　　　2、準確回答……

　　　　3、簡潔明瞭……

　　　　4、提供證據……

　　　　5、回饋問題解決情況……

　　　　6、主動溝通……

☑ 正確示範

提問：主管希望我今天晚上加班完成一項工作，但我已經和一個重要的朋友約好今晚一起吃飯和看電影，我該如何禮貌、委婉地拒絕主管的加班要求，並且不讓主管對我產生不好的印象呢？請說明原理，同時給我一個回覆的範例。

回答：在這種情況下，你可以嘗試採用以下策略來委婉地拒絕加班要求，同時儘量降低主管對你產生不好印象的可能性。

1、表達謝意和歉意：首先要感謝主管給你的工作機會，然後表達歉意，說明你今晚有重要的私人約會，不能加班。

2、說明原因：簡要說明你今晚已經安排了與一個重要朋友的約會，這是一個事先計畫好的活動，很難取消。

3、提出解決方案：為了表現你的積極態度和責任心，你可以提出其他解決方案。例如，提議提前開始工作，或者在明天早上提早來公司處理相關工作。

4、表示願意承擔後果：告訴主管，你能確保今晚的安排不會影響整體專案進度。

以下是一個回覆範例。

「○○（主管職稱）您好，非常感謝您把這項工作交給我。但很抱歉，今晚我已經安排了一個重要的私人聚會，實在很難取消。為了儘量減少對工作的影響，我可以提前開始工作，或者明天早上提早到公司處理相關事宜。我會確保這次安排不會影響專案的進度，希望您

能理解。」

透過以上策略，你可以儘量禮貌、委婉地拒絕加班要求，同時表現出積極、負責任的態度，避免主管對你產生不好的印象。

正確示範中的提問將背景交代得更加具體和清晰，還請求ChatGPT直接提供一個範例供參考，因此，它回答的實用性和可操作性更強。

二、實用方法

我們在借助ChatGPT修飾話術時，可以參考以下步驟。

（1）明確情況：確定回答問題的具體情況，例如回覆主管、親屬、朋友等。

（2）確定問題類型：明確需要回答的問題類型，如借錢等。

（3）表達態度：在回答問題時，要注意表達自己的態度，如禮貌、誠懇等。

（4）考慮關係：在回答問題時，要充分考慮與對方的關係，以便採取適當的回答方式。

（5）適當修改：在ChatGPT所提供的答案基礎上做修改，將其變成更符合自己口吻的回覆。

三、常見範本

實際應用中，我們可以結合不同場景的話術或回覆需求向

ChatGPT 提出問題，常見的各類場景、提問範例、關鍵字範本如下。

場景1：回覆主管的問題

提問範例：「我目前○○（基本情況），在回覆△△（問題內容）時，我應該如何表達，以表示尊重？」

場景2：回覆親屬、朋友的問題

提問範例：「我目前○○（基本情況），面對△△（問題內容），如何用溫情、關心的語言回答？」

場景3：回覆借錢的問題

提問範例：「我目前○○（基本情況），如何禮貌地回覆△△（對象稱謂或與自己的關係）向我借錢的請求？」

場景4：回覆冒犯性問題

提問範例：「我目前○○（基本情況），當遇到△△（對象稱謂或與自己的關係）提出冒犯性問題時，我應該如何回應？」

場景5：回答工作相關問題

提問範例：「我目前○○（基本情況），應該如何專業地回答與△△（工作領域）相關的問題？」

場景6：回覆客戶提問

提問範例：「我目前〇〇（基本情況），面對客戶提出的△△（問題內容），我應該如何用禮貌、專業的語言回答？」

場景7：回答學術問題

提問範例：「我目前〇〇（基本情況），請提供一個針對△△（學術領域）相關問題的詳細、專業的回答。」

場景8：處理突發情況

提問範例：「我目前〇〇（基本情況），在遇到△△（突發事件）時，我應如何冷靜地處理？」

四、注意事項

在應用ChatGPT修飾話術方面，我們要注意以下3點。

（1）背景訊息：向ChatGPT提供足夠的背景訊息，有助於ChatGPT直接提供我們想要的話術。

（2）文化差異：在詢問ChatGPT時要注意文化差異，避免使用可能引起誤解或冒犯他人的詞語和表達方式。

（3）因人而異：在對不同的對象闡述相同事件時，應採取不同的表達方式，因此要注意表達情況和溝通對象。

4.8 製表高手：
不會做 Excel 表格時可以問 ChatGPT

　　Excel 作為一款強大的資料處理工具，是我們分析、整理資料的得力助手。然而，面對複雜的 Excel 表格和公式，一些人感到頭痛不已，因為他們浪費了許多時間和精力卻得不到想要的結果。

　　ChatGPT 在解決 Excel 問題方面的使用，包括但不限於 Excel 基礎操作、公式運用、資料分析、資料視覺化等方面。關於 Excel 的各種問題，我們可以向 ChatGPT 提問，以尋找解決方案。

一、情景再現

☒ 錯誤示範

提問：如何用 Excel 製作報表？

回答：Excel 是一款功能強大的試算表軟體，可以用來建立各種報表。首先，打開 Excel，然後⋯⋯這裡只提供了一些基本操作，若要了解更多，請提供更具體的訊息。

☑ 正確示範

提問：如何在 Excel 中做一個顯示每月銷售額的柱狀圖？

回答：要在Excel中建立一個顯示每月銷售額的柱狀圖，請按照以下步驟操作。

1、打開Excel並輸入資料。

……

……

7、調整圖表樣式以滿足您的需求。

錯誤示範中的問題過於廣泛，沒有提供足夠的背景訊息，導致ChatGPT給了一個通用、無法解決問題的答案（正確的廢話）。正確示範提出了製作Excel表格時遇到的具體操作問題，使ChatGPT能夠給出正確、有用的答案。

二、實用方法

我們在借助ChatGPT製作Excel表格時，可以參考以下步驟。

（1）明確需求：確定具體需要解決的問題，例如製作某種圖表、使用計算公式等。

（2）提供背景訊息：描述問題的情況和相關資料，以便ChatGPT理解問題的具體背景。

（3）使用專業術語：在提問時儘量使用Excel中的專業術語，如「公式」、「圖表」等，以提高問題的準確性。

（4）指定輸出格式：如果需要ChatGPT提供具體的步驟或範例，可在提問時說明希望得到的答案格式。

三、常見範本

實際應用中，我們可以結合Excel的不同應用情況向ChatGPT提出需求或問題，常見的各類情況、提問範例、關鍵字範本如下。

場景1：建立圖表

提問範例：「如何在Excel中創建一個〇〇（圖表類型），以顯示△△（數據內容）？」

場景2：使用公式

提問範例：「如何在Excel中使用〇〇（公式名稱）計算△△（數據內容）？」

場景3：資料分析

提問範例：「如何利用Excel對〇〇（資料類型）進行△△（分析方法）？」

場景4：資料整理

提問範例：「如何在Excel中對〇〇（資料內容）進行△△（整理方式）？」

場景5：製作報表

提問範例：「如何在Excel中做一個〇〇（報表類型），以展示△△

（資料內容）？」

場景6：自動化操作

提問範例：「如何在Excel中使用○○（自動化工具）來完成△△（任務描述）？」

場景7：數據導入／匯出

提問範例：「如何在Excel中導入／匯出○○（資料格式）的數據？」

場景8：應用格式化條件

提問範例：「如何在Excel中應用○○（格式化條件規則）來強調顯示△△（資料條件）？」

場景9：建立樞紐分析表

提問範例：「如何在Excel中建立一個○○（樞紐分析表），以分析△△（資料內容）？」

場景10：資料合併／分割

提問範例：「如何在Excel中合併／分割○○（資料類型）？」

四、注意事項

我們在應用ChatGPT做Excel表格時，要注意以下3點。

（1）提前規劃：早做規劃，提前想好自己想要什麼。

（2）用詞精準：準確描述自己的需求，避免使用含義模糊的詞語。

（3）資料保護：注意保護隱私，避免在提問中涉及個人隱私和商業祕密，如個人資訊、公司內部資料等。

4.9 精美報告：使用ChatGPT輔助做出精美PPT

PPT已經成為很多職場人的必備工具，而且職位越高，越要學會用PPT向別人表達思想、傳遞訊息。ChatGPT可以幫助職場人製作精美、吸引人的PPT，進而更能展示自己。

一、情景再現

☒ 錯誤示範

提問：我想製作一個企業文化的PPT，該怎麼做？

回答：製作一個企業文化的PPT步驟如下。

　　　　1、確定主題……

　　　　2、確定目標群體……

　　　　3、收集資料……

　　　　4、製作大綱……

　　　　5、設計布局……

　　　　6、添加視覺元素……

　　　　7、添加互動元素……

　　　　8、最後整合……

以上步驟應該可以幫助您製作一個成功的企業文化PPT。

☑ **正確示範**

提問：我要製作一個關於節能環保的企業文化課程PPT，目標群是公司員工，我希望這個PPT的風格符合環保理念，請給我一些建議和設計靈感。

回答：製作一個符合環保理念的PPT，可以從以下幾個方面著手。

1、色彩選擇：使用自然、清新的顏色，如綠色、藍色和白色……綠色代表生態與自然，藍色代表水資源和清潔，白色則代表純淨與簡潔。

2、圖片和圖表：使用高畫質的圖片來展示環保相關場景，如森林、海洋、動植物等……

3、布局設計：採用簡潔的布局……。

4、內容結構……①引言：介紹企業文化課程的背景和目標……②環保現狀：介紹全球環保現狀……③企業責任與行動……④員工參與……⑤成果展示……⑥結語……

5、節奏把握……

6、互動環節……

正確示範提供了做PPT的具體情況和要求，使ChatGPT能夠給出更有針對性和實用性的建議，幫助使用者製作更好的PPT。

二、實用方法

我們在借助 ChatGPT 製作 PPT 時，可以參考以下步驟。

（1）明確需求：確定具體要製作的 PPT 主題、目標群體和場景。

（2）尋求靈感和建議：請 ChatGPT 提供與主題相關的設計靈感和建議。

（3）獲取範本和布局建議：向 ChatGPT 詢問適用於特定情況的 PPT 範本和布局建議。

（4）內容規劃：請 ChatGPT 幫助規劃 PPT 的內容和結構。

（5）獲取視覺元素：請 ChatGPT 提供與主題相關的圖片、圖表和其他視覺元素的建議。

（6）優化調整：在製作過程中，遇到問題可隨時請教 ChatGPT，並根據其建議進行調整。

三、常見範本

實際應用中，我們可以結合 PPT 的不同應用情況向 ChatGPT 提出需求或問題，常見的各類情況、提問範例、關鍵字範本如下。

場景 1：設計靈感

提問範例：「我想要達到○○（目的），因此要設計一個關於△△（主題）的精美 PPT，請給我一些建議。」

場景2：獲取範本

提問範例：「我想製作一個關於〇〇（主題）的PPT，適合△△（情境），想要向✕✕（目標群體）展示，請推薦一些PPT範本。」

場景3：內容規劃

提問範例：「我是〇〇（背景訊息），為了達到△△（目標），請幫我規劃一個關於✕✕（主題）的PPT內容和結構，目標群體是□□（受眾）。」

場景4：圖片選擇

提問範例：「我是〇〇（背景訊息），需要一些與△△（主題）相關的圖片用於製作PPT，請給我一些建議。」

場景5：圖表製作

提問範例：「為了達到〇〇（效果），我想在PPT中展示△△（資料類型），請給我一些製作最直觀圖表的建議。」

場景6：動畫效果

提問範例：「我想為關於〇〇（主題）的PPT添加一些動畫效果，我想要△△（要求），動畫長度為✕✕（時長），請給我一些建議。」

場景7：優化建議

提問範例：「我已經製作了一個關於○○（主題）的PPT，其內容如下△△（展示內容），請問如何優化和改進這個PPT？」

場景8：演示技巧

提問範例：「我是○○（背景訊息），請問在演示關於△△（主題）的PPT時，有哪些技巧？」

場景9：問題解答

提問範例：「在製作關於○○（主題）的PPT過程中，我遇到了△△（問題），請幫我解決。」

四、注意事項

我們在應用ChatGPT做PPT時，要注意以下3點。

（1）原創性和個性：ChatGPT雖然可以為我們製作PPT提供幫助，但我們也要注意保留自己的原創性和個性。

（2）智慧財產權：使用ChatGPT時，要遵守智慧財產權相關的法律規範，尊重他人的創意和成果。

（3）輔助工具：ChatGPT和一些外部工具配合使用，可以更容易製作出PPT，例如用ChatGPT寫文件內容和結構，用AI繪圖軟體做出圖片。

第**5**章

ChatGPT 加速財富增長

投資理財、創業經營、成本管理和風險管理等事項，不僅需要比較豐富的專業知識，而且需要對大量訊息進行分析和處理。對很多人來說，這些訊息的獲取和分析無疑是一項艱巨的任務。而 ChatGPT 的出現可以為這類決策提供參考和有力支援。

5.1 投資理財：使用ChatGPT加速累積財富

　　俗話說「你不理財，財不理你」，如果沒有理財的意識和能力，個人財富很可能隨時間推移逐年縮水。ChatGPT能幫助個人投資理財，加速財富的累積和增值。

一、情景再現

☒ 錯誤示範

提問：如何投資理財？

回答：投資理財有很多管道，例如投資房地產、購買債券和基金等。請提供更多關於您的投資目標和風險承受能力等訊息，以便我為您提供更具體的建議。

☑ 正確示範

提問：我有20萬元的閒置資金，計畫在未來3年內實現財富增值，風險承受能力適中，請給我一些建議。

回答：根據您的投資目標和風險承受能力，您可以考慮將資金分散投資到以下幾個領域。

1、中低風險的債券基金，占比30%。

2、指數基金，占比30%。

……

這樣的投資組合可以在風險可控的情況下，實現資產穩健增值。請注意，這只是一個建議，具體方案還需根據市場和個人情況進行調整……

正確示範明確了投資目標、資金規模、時間期限和風險承受能力，因此ChatGPT能夠給出具體的投資建議。

二、實用方法

我們在使用ChatGPT輔助投資理財時，可以參考以下步驟。

（1）明確目標：提供投資目標、資金規模、時間期限和風險承受能力等關鍵資訊，以便ChatGPT給出有針對性的建議。

（2）設定邊界：避免太過廣泛的問題，提問時可以表明自己更希望知道或採取某一投資策略或財富管理方案等。

（3）獲取即時訊息：利用ChatGPT獲取即時市場數據、行業動態和政策影響等，輔助決策。

（4）多角度思考：透過向ChatGPT提問，從多個角度了解投資理財的風險和收益，更全面地權衡利弊。

三、常見範本

實際應用中，我們可以結合投資理財的實際情況向ChatGPT提出需求或問題，常見的各類情況、提問範例、關鍵字範本如下。

場景1：投資建議

提問範例：「我有○○（資金規模）的閒置資金，計畫在△△（時間期限）內實現××（投資目標），風險承受能力為□□（風險等級），請給我一些建議。」

場景2：投資產品分析

提問範例：「○○（投資產品名稱）的情況是△△（訊息內容），請分析一下這款產品的風險、收益和適合族群。」

場景3：市場趨勢

提問範例：「在○○（背景）下，請告訴我近期△△（市場或行業）的趨勢，以及可能影響投資的因素。」

場景4：投資策略

提問範例：「在目前○○（市場環境）下，對於△△（風險承受能力）的投資者，哪些投資策略更適合他們？」

場景5：解讀政策

提問範例：「請解讀一下最近發布的○○（政策名稱），其內容是△△（訊息），它對××（投資領域）有哪些影響？」

場景6：理財產品比較

提問範例：「請比較○○（理財產品Ａ）和△△（理財產品Ｂ），並說明它們各自適合的投資族群。」

四、注意事項

我們在向ChatGPT詢問投資理財建議時，要特別注意以下3點。

（1）僅供參考：ChatGPT不是專業的投資顧問，不能真的預測未來市場，它提供的建議僅供參考，我們要在自身判斷的基礎上做決策。

（2）避免依賴：人要賺自己認知範圍內的財富，不能全然依賴ChatGPT，也不能莽撞地進入自己完全不懂的領域。

（3）謹慎決策：投資有風險，理財需謹慎，提高警惕別天真！

5.2 財務規劃：借ChatGPT改善財務狀況

　　無論是個人還是企業，制訂合理的財務規劃是實現財務目標和保證財務狀況健康的必要條件。可是對於大多數人來說，制訂一份實用的財務規劃並不容易。借助 ChatGPT，我們可以相對輕鬆地制訂個人或企業的財務規劃，更加有效地管理我們的資金，提高財務狀況的穩定性。

一、情景再現

⊠ 錯誤示範

提問：我的財務狀況很差怎麼辦？

回答：如果您的財務狀況很差，可以採取以下措施。

　　　　1、列出您的收入和支出……

　　　　2、制訂預算……

　　　　3、減少開支……

　　　　4、增加收入……

　　　　5、諮詢專業人士……

　　　　6、尋找支持……

最重要的是，不要放棄，採取積極的行動來改善您的財務狀況，並且持之以恆。

☑ 正確示範

提問：我目前每月的收入是 35,000 元，但因為我預支消費，下個月要還的信用卡金額已經達到 39,000 元。我不想再讓這類事情發生了，還想以後每月至少要存下 13,000 元。為此，我該怎麼做財務規劃？

回答：以下是一些建議。

1、制訂預算：根據你的收入，你需要制訂每月預算。列出你的固定支出（如房租、水電費等）和可動支出（如餐飲、娛樂、購物等）。確保預算中的總支出不超過 22,000 元，以實現每月存下 13,000 元的目標。

2、還清高利息債務：首先，你需要集中精力解決下個月要還的信用卡帳單。可以考慮暫時減少其他非必要支出，或者尋找額外的收入來源彌補這一差額。務必按時還款，避免產生過高的利息和導致信用記錄受損。

3、建立緊急預備金帳戶：在達成每月存款目標的同時，設立一個緊急預備金帳戶……

4、追蹤支出：為了更好地控制花費，建議你記錄每筆支出……

5、定期評估：每個月月底，對自己的財務狀況進行評估……

6、增加收入來源：在合理控制支出的同時，尋找能增加收入的途徑……

二、實用方法

我們在使用ChatGPT做財務規劃時，可以參考以下步驟。

（1）明確需求：在向ChatGPT提問時，要確定自己想要解決的財務問題類型，例如貸款、投資、稅務規劃等。

（2）提供詳細訊息：為了得到更準確的答案，儘量向ChatGPT提供詳細的背景訊息，如當前財務狀況、風險承受能力、期望的目標等。

（3）持續追問：得到答案後，注意評估答案是否具有可操作性，是否適合或能夠滿足自己的需求，我們還可以透過進一步向ChatGPT提問以獲取更多訊息。

三、常見範本

實際應用中，我們可以結合財務規劃的實際需要向ChatGPT提出需求或問題，常見的各類情況、提問範例、關鍵字範本如下。

場景1：財務規劃與建議

提問範例：「我目前的財務狀況是○○（背景訊息），請根據我的財務狀況和△△（目標），為我提供一些建議。」

場景2：財富傳承與規劃

提問範例：「我當前的情況是○○（背景訊息），我想為△△（家庭成員）制訂財富傳承規劃，有哪些需要注意的事項？」

場景3：調整投資策略

提問範例：「我目前的投資策略為○○（投資策略詳情），目前的問題是△△（問題詳情），我的期望是╳╳（目標），請提供調整建議。」

場景4：退休規劃

提問範例：「我今年○○（年齡），希望在△△（年齡）退休，我的現有資產和收入狀況是╳╳（訊息內容），我期望退休後□□（目標），請給我一些建議。」

場景5：保險規劃

提問範例：「請根據我的○○（家庭狀況）和△△（收入水準），推薦適合我的保險產品。」

四、注意事項

我們在使用ChatGPT詢問財務規劃建議時，要特別注意以下4點。

（1）僅供參考：ChatGPT提供的建議僅供參考，不建議直接應用。

（2）諮詢專家：使用ChatGPT提供的建議時，應結合個人實際情況並諮詢專業人士。

（3）符合法規：利用ChatGPT進行財務規劃時，請確保遵守相關法規，符合法規進行操作。

（4）訊息邊界：了解ChatGPT的知識邊界和局限，如遇到超出其知識範圍的問題，則應當尋求專業人士的幫助。

5.3 創業指導：讓ChatGPT促進創業成功

ChatGPT可以為創業者提供關於市場調查、產品設計、組織團隊、融資策略等方面的指導。利用ChatGPT可以為創業計畫提供有價值的指導，提高創業成功的機率。

一、情景再現

☒ 錯誤示範

提問：怎樣才能創業成功？

回答：創業需要考慮很多因素，如市場需求、競爭對手情況、資金來源等。你可以先進行市場調查，確定需求，然後制訂商業計畫書⋯⋯

☑ 正確示範

提問：我計畫創辦一間健康食品公司，有哪些關鍵步驟需要注意？

回答：創辦一間健康食品公司，你需要關注以下幾個關鍵步驟。

1、市場調查：了解目標市場、競爭對手和潛在客戶的需求。

2、產品設計：根據市場調查結果，設計獨特且具有競爭力的產品。

......

在正確示範中明確了需求的情況和具體問題，因此ChatGPT提供詳細且實用的建議，避免通用、籠統的答案。

二、實用方法

我們在使用ChatGPT做創業指導時，可以參考以下步驟。

（1）明確需求：確定具體的創業方向，說明自己的目標市場等關鍵訊息。

（2）提供背景：為ChatGPT提供足夠的創業背景訊息，如行業、產品類型、目標客群等。

（3）劃分問題領域：將創業過程中的問題分為市場調查、產品設計、團隊建設、融資策略等領域，分別提問。

（4）關注細節：在向ChatGPT提問時，關注具體的實施細節，以獲得更實用的建議。

三、常見範本

實際應用中，我們可以針對創業的不同環節向ChatGPT提出需求或問題，常見的各類場景、提問範例、關鍵字範本如下。

場景1：市場調查

提問範例：「我計畫在○○（行業）創業，需要了解△△（目標市

場）的需求，以及╳╳（競爭對手）的情況，請給我一些建議。」

場景2：產品設計

提問範例：「為了滿足○○（目標市場）的需求，我計畫設計一款
△△（產品類型），請提供一些建議。」

場景3：組織團隊

提問範例：「我需要建立一個○○（公司類型）的團隊，負責△△
（職責），請告訴我如何選拔和培養適合的人才。」

場景4：融資策略

提問範例：「我是○○（基本訊息），我正在尋求△△（融資金額）
的融資，以支持我的╳╳（行業）創業計畫，請給我一些建議。」

場景5：運營管理

提問範例：「我正在創立一家○○（行業）公司，需要優化△△（營
運環節），請給我一些建議。」

場景6：符合法規

提問範例：「我在○○（國家地區），在△△（行業）創業過程中，
我需要注意哪些法律與法規問題？」

場景7：估值與定價

提問範例：「我計畫推出一款○○（產品類型），需要確定其△△（定價策略），目前市場上常見的定價策略是╳╳（訊息內容），請給我一些建議。」

場景8：尋找合作夥伴

提問範例：「我正在做○○（專案）創業，需要在△△（行業）尋找合作夥伴，以達成╳╳（合作目標），請給我一些建議。」

場景9：創業風險評估

提問範例：「我計畫在○○（行業）創業，需要評估潛在的△△（風險類型），請提供一些建議。」

四、注意事項

我們在應用ChatGPT做創業指導時，要特別注意以下3點。

（1）不能盲從：ChatGPT提供的關於創業的所有建議只能作為參考，不能盲目相信。

（2）時效性：ChatGPT的知識庫有時效性，要注意核實其提供的訊息是否是最新的。

（3）結合實際：在應用ChatGPT的建議時，要注意結合自身實際情況和市場環境，適當調整和優化。

5.4 行銷策略：使用 ChatGPT 提高產品銷量

　　企業要在激烈的市場競爭中取得優勢，行銷策略變得越來越重要。使用 ChatGPT 作為輔助工具制訂行銷策略，可以幫助企業更加精準地鎖定目標客群，提高銷售轉換率，進而在激烈的市場競爭中立於不敗之地。

一、情景再現

☒ 錯誤示範

提問：如何提高產品銷量？

回答：提高產品銷量的方法有很多，例如優化產品定價、加強品牌行銷、拓展銷售管道等。但實際執行時，需要結合您所在的行業和目標客群進行分析……

☑ 正確示範

提問：我正在經營線上女裝品牌，主打時尚、舒適的產品。請提供一套適合我的品牌的行銷策略，以提高產品銷量。

回答：針對您的線上女裝品牌，您可以嘗試以下行銷策略。

1、利用社交媒體平臺，例如Facebook、Instagram等進行內容行銷，吸引目標客群關注品牌。

2、與時尚部落客和意見領袖合作推出聯名款產品，以提高品牌曝光度和口碑。

3、設立會員制度，鼓勵消費者累積紅利，以提高回購率……

關於如何提高產品銷量，太過廣泛的提問得到的回答往往沒有效果。在正確示範中介紹了背景，提供具體的行業（線上女裝品牌）和品牌風格（品牌主打時尚、舒適的產品），因此ChatGPT給出更有針對性的建議。

二、實用方法

我們在使用ChatGPT制訂行銷策略時，可以參考以下步驟。

（1）明確需求：確定具體需要撰寫的品牌文案類型，如品牌口號、品牌故事等。

（2）提供背景訊息：包括行業、產品特點、目標客群等，以便ChatGPT能更好理解需求。

（3）設定目標：明確要實現的行銷目標，例如提高品牌知名度、增加產品銷量等。

（4）指定行銷管道：選擇適合品牌的行銷管道，如Facebook、Instagram等。

（5）關注執行的細節：在執行行銷策略時，關注具體的實施細

節，例如預算、時間點等。

三、常見範本

實際應用中，我們可以針對行銷策略的不同方面向ChatGPT提出需求或問題，常見的各類情況、提問範例、關鍵字範本如下。

場景1：制訂內容行銷策略

提問範例：「我在○○（行業）經營一家品牌，品牌名為△△，我們的重點產品特徵是╳╳，需要制訂一套適合□□（目標客群）的內容行銷策略，請給我一些建議。」

場景2：與意見領袖合作

提問範例：「我是○○（基本情況），希望與△△（行業）的意見領袖合作，以提高╳╳（產品名稱）的知名度，請提供一些建議。」

場景3：優化產品定價策略

提問範例：「我們的○○（產品類型）目前的定價策略是△△，如何優化以提高銷量？」

場景4：拓寬銷售管道

提問範例：「我希望拓寬○○（產品類型）的銷售管道，現有的管道包括△△，請給我一些建議。」

場景 5：提高客戶滿意度

提問範例：「○○（產品名稱）的特徵是△△，為了提高○○（產品名稱）的客戶滿意度，讓客戶體驗到╳╳（目標），我們應該從哪些方面進行改進？」

場景 6：制訂會員行銷策略

提問範例：「我想為○○（品牌名稱）設計一套會員行銷策略，產品是△△（產品訊息內容），以提高客戶忠誠度，達到效果，請給我一些建議。」

場景 7：舉辦線上活動

提問範例：「我打算為○○（產品名稱）舉辦一個線上活動，該產品的特徵是△△，為提高品牌曝光度，達到╳╳（效果），請給我一些建議。」

場景 8：制訂廣告策略

提問範例：「我想制訂一套關於○○（品牌名稱）的廣告策略以提高品牌知名度，產品是△△（產品訊息），請給我一些建議。」

場景 9：產品包裝設計

提問範例：「為了吸引更多客戶購買○○（產品），我需要優化產品包裝設計，當前的設計風格是△△，請給我一些建議。」

場景10：提高回購率

提問範例：「我在經營○○（產品），當前的情況是△△（訊息內容），目前我對該產品的回購率不滿意，我該如何提高回購率，請給我一些建議。」

四、注意事項

我們在應用ChatGPT制訂行銷策略時，要特別注意以下4點。

（1）產品特性：要向ChatGPT提供具體、詳細的背景訊息，讓ChatGPT能夠給出更有針對性的建議。

（2）關注資料：要充分挖掘和利用資料，為ChatGPT提供足夠的訊息，用資料分析的結果說話，而不是憑感覺。

（3）法律規範：行銷策略要遵循法律規範、行業規範和公序良俗，避免產生負面影響。

（4）多次嘗試：向ChatGPT提問時，要保持耐心、持續引導、不斷調整，不要期望ChatGPT能立即給出我們想要的答案。

5.5 管理輔導：
透過ChatGPT來突破管理瓶頸

現代管理面臨著越來越複雜的挑戰，管理者需要在不斷變化的環境中迅速做出正確決策。然而，面對困境時，他們常常感到孤立無援，不知道該如何解決問題。而無論是人員管理、策略規劃還是危機管理，ChatGPT都可以提供實用的建議和解決方案，幫助管理者理解和應對管理挑戰。

一、情景再現

☒ 錯誤示範

提問：如何提高銷售額？

回答：要提高銷售額，可以考慮以下幾個方面：優化產品定價策略、拓寬銷售管道、提高客戶滿意度、制訂會員行銷策略……

☑ 正確示範

提問：我正在經營一家餐廳，目前面臨客源不足的問題。請給我一些建議，幫助我提高銷售額。

回答：您可以嘗試以下策略來提高銷售額。

1、進化料理口味和品質，提高客戶滿意度。

2、加強線上以及線下宣傳，提高品牌知名度。

3、與外賣平臺合作，拓展外賣業務。

……

在錯誤示範中的提問沒有提供關於產品類型、目標客群等的具體訊息，因此ChatGPT的回答顯得空洞和籠統；而正確示範中的提問明確了需求，提供行業背景（餐飲行業）和具體問題（客源不足）。這使ChatGPT給出了更能解決實際問題的建議。

二、實用方法

我們在使用ChatGPT做管理輔導時，可以參考以下步驟。

（1）明確需求：確定需要解決的具體經營管理問題，例如提高銷售額、降低成本、優化人力資源配置等。

（2）提供背景訊息：向ChatGPT提供關於行業、公司規模、目標客群等詳細資料，以便ChatGPT給出有針對性的建議。

（3）設定目標：確定你希望透過ChatGPT解決的具體問題和達到的預期效果。

（4）指定應用情況：根據實際需求，選擇合適的應用場景範本，提高問題的針對性。

（5）關注執行細節：在得到ChatGPT的建議後，關注執行過程中的具體細節。

三、常見範本

實際應用中，我們可以根據不同的經營管理場景向ChatGPT提出需求或問題，常見的各類場景、提問範例、關鍵字範本如下。

場景1：提高銷售額

提問範例：「我正在經營一家〇〇（行業）公司，主要產品是△△，目前銷售額不理想，請給我一些建議，幫助我提高銷售額。」

場景2：優化人力資源配置

提問範例：「如何在〇〇（行業）中優化人力資源配置，以提高△△（職位）人員的工作效率？」

場景3：提升客戶滿意度

提問範例：「我們的主要業務是〇〇（業務類型），主要產品是△△（產品類型），針對✕✕（問題），如何提升客戶滿意度？」

場景4：改進供應鏈管理模式

提問範例：「我們所在的行業是〇〇（行業類型），目前的問題是△△（問題類型），期望達到的目標是✕✕，如何改進供應鏈管理模式？」

場景5：提高團隊合作效率

提問範例：「我的團隊一共有〇〇（人數），他們的姓名和性格特質

分別是△△（姓名與個性），目前的問題是××（問題類型），請給我一些建議，以提高團隊合作效率。」

場景6：分析競爭對手

提問範例：「我的品牌是○○（品牌名），請幫我分析△△（行業）存在哪些潛在的競爭對手，以及請分析我應當如何在△△（行業）中取得競爭優勢、避免競爭劣勢。」

場景7：解決管理上的難題

提問範例：「我們目前面臨○○（管理難題），具體情況是△△（背景訊息內容），請給出解決方案。」

四、注意事項

我們在應用ChatGPT做管理輔導時，要特別注意以下3點。

（1）提供足夠的訊息：在不同的工作環境下，想要做好經營管理工作也需要有不同的策略，向ChatGPT提供足夠的背景訊息，有助於ChatGPT輸出有用的答案。

（2）謹慎對待：ChatGPT提供的建議僅供參考，實際操作中還需結合公司具體情況做調整。

（3）注意保密：在向ChatGPT提問時，注意保護公司和個人的隱私訊息，避免洩露敏感資料。

成本管理：ChatGPT 協助降低成本增加效益

　　成本管理是企業能否成功的關鍵影響因素之一。然而，如何在保證品質的前提下控制成本一直是個難題。ChatGPT 不僅可以透過數據分析提供成本分析和預測結果，幫助企業了解其成本結構和成本動因，還可以提供針對性的降低成本建議，包括如何優化生產流程、降低採購成本、提高人員工作效率等，進而幫助企業在成本管理方面實現目標：降低成本增加效益，提高競爭力和盈利能力。

一、情景再現

☒ 錯誤示範

提問：如何節省企業的成本？

回答：為企業節省成本的方法有很多，例如減少開支、提高生產效率、優化資源配置……

☑ 正確示範

提問：我在經營一家年銷售額為○○元、規模為△△人的服裝公司，如何在原料採購和人力資源方面降低成本？

回答：在原料採購方面，您可以考慮以下策略：與供應商談判以獲得
更優惠的價格⋯⋯在人力資源方面，您可以嘗試優化招聘流
程⋯⋯

正確示範中的提問更具體，包含了公司規模、行業和關注領域
等，使ChatGPT能夠提供針對性的建議。

二、實用方法

我們在使用ChatGPT進行成本管理時，可以參考以下步驟。

（1）明確需求：確定具體想要在哪些方面節省成本，如原料、人
力資源、營運等。
（2）提供背景訊息：說明公司規模、所處行業、當前成本狀況
等，以便ChatGPT給出更合適的建議。
（3）設定目標：設定合理的成本節約目標，使ChatGPT的建議
更具可操作性。
（4）指定應用場景：描述具體情況，如採購、生產、銷售等，以
便ChatGPT根據場景提供解決方案。

三、常見範本

實際應用中，我們可以根據成本管理的不同場景向ChatGPT提
出需求或問題，常見的各類場景、提問範例、關鍵字範本如下。

場景1：降低原料成本

提問範例：「我們所在的行業是○○（行業類型），當前的原料成本情況是△△（數據資料），而主要競爭對手的原料成本情況是△△（數據資料），我們該如何降低原料成本？」

場景2：優化人力資源配置

提問範例：「我們屬於○○（行業），目前的人力資源狀況是△△（具體訊息內容），如何優化人力資源配置？」

場景3：提高生產效率

提問範例：「我們是一家○○（公司訊息），生產環節是△△（具體情況），目前在生產效率方面存在╳╳（具體問題）。請給我一些建議，以提高生產效率。」

場景4：優化庫存管理

提問範例：「我們的產品是○○（產品類型），我們的經營狀況是△△，當前的庫存情況是╳╳，如何優化庫存管理以降低庫存成本？」

場景5：降低行銷成本

提問範例：「我們的產品是○○（產品情況），目標市場是△△（目標市場情況）。今年╳╳（月分）的行銷成本是□□（數據訊息），

去年同期的行銷成本是□□（數據訊息）。請給我一些關於降低行銷成本的建議。」

場景6：降低研發成本

提問範例：「我們所在的行業是○○（行業情況），目前的研發成本為△△（數據訊息），期望達到××（目標），如何在保持創新的前提下，降低研發成本？」

場景7：降低物流成本

提問範例：「我們所在的行業是○○（行業情況），目前的物流成本是△△（數據訊息），期望達到××（目標），請為我提供降低物流成本的策略。」

四、注意事項

我們在應用ChatGPT進行成本管理時，要特別注意以下3點。

（1）效益和效率：比降低成本更重要的，是提高效益和效率。
（2）循序漸進：降低成本要循序漸進，盲目降低成本有可能影響目前的經營業績。
（3）投資回報：降低成本不是目的，提高投資報酬率才是關鍵。

風險管理：把ChatGPT變成「風險控管的管家」

風險管理是企業經營中不可忽視的因素。然而，風險管理需要管理者具備豐富的經驗和專業的知識，這對於很多管理者來說是個挑戰。ChatGPT可以幫助管理者更加精準地制訂風險管理策略，更容易應對各種風險和挑戰，保障經營的穩定和可持續性。同時，個人也可以利用ChatGPT管控自身存在的財務風險。

一、情景再現

☒ 錯誤示範

提問：風險管理要注意什麼？

回答：風險管理需要注意以下幾點。

　　　1、明確風險管理目標。

　　　2、建立風險管理體系。

　　　3、制訂風險管理策略。

　　　4、定期進行風險評估和監控。

　　　5、及時應對風險事件。

　　　……

☑ 正確示範

提問：……，以上是我的個人投資情況，請根據我的個人投資組合特
　　　點，為我提供個人財富風險管理的策略。

回答：針對您的投資組合，您可以採取以下風險管理策略。

　　　1、分散投資：確保資產的多樣化，降低單一資產的風險。

　　　2、定期評估投資組合：根據市場情況調整投資比例，確保投
　　　　　資組合的平衡。

　　　3、監控市場風險：關注市場動態，分析各類資產的風險敏感
　　　　　度，以便及時應對。

　　　……

　　　正確示範交代了背景，向ChatGPT提供足夠的訊息，明確問題
的具體範圍和需求，讓ChatGPT能更精準解決實際問題。

二、實用方法

　　　我們在使用ChatGPT進行風險控管時，可以參考以下步驟。

（1）明確需求：確定我們在風險控管方面的具體需求，例如究竟
　　　是個人財富風險管理，還是企業經營風險管理。

（2）提供背景訊息：提供關於個人或企業的相關背景訊息，例如
　　　投資組合、行業、公司規模等，以便ChatGPT給出更有針
　　　對性的建議。

（3）選擇場景：根據需求，選擇合適的應用場景範本，調整詢問

語句和關鍵字。

三、常見範本

　　實際應用中，我們可以根據風險管理的不同場景向ChatGPT提出需求或問題，常見的各類情況、提問範例、關鍵字範本如下。

場景1：個人財富風險管理

提問範例：「我的收入情況是○○（數據訊息），請根據我的△△（風險承受能力）和╳╳（投資組合詳情），為我提供個人財富風險管理策略。」

場景2：企業經營風險管理

提問範例：「針對○○（行業），常用的風險評估方法有哪些？主要風險因素及應對策略是什麼？如何進行風險管理以保障企業利益？」

場景3：金融產品風險分析

提問範例：「我是○○（個人情況），目前關注幾種△△（金融產品），請分別分析其優缺點和風險特點，並分析是否適合我。」

場景4：企業財務風險分析

提問範例：「……，以上是○○公司的△△（財務報表），請分析其中潛在的財務風險。」

場景5：風險防範措施

提問範例：「我的情況是○○（訊息），目前面臨的風險是△△（風險類型），請給出有效的風險防範措施。」

四、注意事項

我們在應用ChatGPT進行風險管理時，要特別注意以下3點。

（1）關注法律規範：在涉及法律規範的風險管理問題時，務必關注相關法律規範的規定，遵循合法原則。

（2）關注市場動態：風險管理是一個動態的過程，我們需要持續關注市場動態和行業趨勢，以調整相關策略。

（3）結合實際情況：ChatGPT的回答僅供參考，我們要結合實際情況進行思考、判斷和應用。

第 **6** 章

ChatGPT 輔助文案寫作

文案寫作已經成為許多人工作、學習和生活中不可或缺的一部分。高品質的文案不僅能有效傳遞訊息，還能提升品牌形象、吸引消費者、激發消費者的購買欲望、提升經營業績。然而，編寫出色的文案並非易事，需要長時間進行寫作和累積。ChatGPT能夠幫助我們快速提高文案寫作水準，輕鬆應對各種文案寫作場景。

6.1 文案策略：
不同行業的文案應該怎麼寫？

在當下競爭激烈的市場環境中，文案對於各個行業的品牌推廣和產品銷售都具有非常重要的作用。要想在各行業中脫穎而出，就需要根據不同行業的特點制訂相應的文案策略。下面提供幾個具體的行業文案策略。

1、電子商務業

電子商務的競爭尤為激烈，因此文案需要特別凸顯產品優勢，激發消費者的購買欲望，主要策略如下。

（1）強調產品優勢：透過列舉產品特點、性能、使用場景等方面的訊息，凸顯產品的優勢，使消費者信服。

（2）舉辦促銷活動：透過折扣、優惠券等手段，刺激消費者的購買欲望。

（3）結合用戶評價：展示出真實的用戶評價，增強消費者的信任感。

2、餐飲業

餐飲業的文案應該凸顯口感、環境和服務，主要策略如下。

（1）呈現美食：透過圖片、文字、影片等形式呈現美食。

（2）營造氛圍：強調餐廳的用餐環境和氛圍，宣傳舒適、優雅的
用餐體驗。

（3）宣傳服務：展現餐廳的服務特色，樹立良好的服務形象。

（4）促銷活動：提供特價料理、套餐等優惠活動，吸引消費者光
顧。

3、旅遊業

旅遊業的文案需要展現目的地的魅力、行程安排的合理以及服務
的貼心，主要策略如下。

（1）目的地介紹：透過圖片、文字、影片等形式展現目的地的自
然風光、人文景觀等特色，吸引遊客前來旅遊。

（2）行程安排：詳細介紹行程安排，讓遊客了解行程的合理和豐
富度。

（3）服務保障：強調服務品質和保障措施，增強遊客的信任感。

（4）優惠政策：提供旅遊套餐、團購等活動，吸引遊客購買。

4、金融業

金融業的文案需要展現專業、安全性和收益，主要策略如下。

（1）產品特點：詳細介紹金融產品的設計理念、收益預期等特點，展現金融產品的專業度。

（2）安全保障：強調金融機構的資質、風險控制能力等方面的訊息，提升消費者對產品安全的信任度。

（3）成功案例：展示成功的投資案例，證明金融產品的收益。

（4）專業指導：提供專業的投資建議和指導，幫助消費者了解市場和產品。

5、人才培訓業

人才培訓業需要建立良好的口碑，透過文案傳遞專業、高效率、貼心的形象，主要策略如下。

（1）凸顯教育理念：強調培訓理念，樹立專業、高效率形象。

（2）展示師資力量：透過介紹師資背景、教學成果等方面的訊息，增強消費者的信心。

（3）成功案例：展示學員成功案例，證明教學成果。

（4）課程體驗：提供免費試聽課程，讓消費者親身體驗課程品質。

要想有效地向ChatGPT提出需求和問題，讓ChatGPT提出自己需要的文案，需要注意以下6點。

1、深入了解目標客群

制訂文案策略前，要深入了解目標客群的需求、興趣和習慣，以便更精準地傳遞訊息。

2、言簡意賅

無論哪個行業，都要避免冗長的文字描述，儘量用精練、有力的語言表達，讓消費者快速抓住重點訊息。

3、與時俱進

隨著市場環境和消費者需求的變化，文案策略也需要不斷調整，以適應市場變化。

4、注重創意

在文案中融入新穎獨特的創意，有助於提升品牌形象，吸引消費者關注。

5、營造情感共鳴

情感化的文案更容易打動消費者，因此要注意在文案中融入情感元素，營造情感共鳴。

6、結合多種傳播管道

利用各種傳播管道，如社交媒體、短影音平臺等，將文案有效傳

播給更多消費者。

　　採用以上策略，不僅可以提升各行業的品牌知名度和產品銷量，還能滿足消費者需求，為企業創造更大的價值。

6.2 銷售文案：使用ChatGPT確定產品賣點，提供購買理由

　　優秀的銷售文案能夠有效抓住消費者的痛點，強調產品或服務的賣點，進而促成交易。我們可以利用ChatGPT撰寫銷售文案，為消費者提供購買理由，提升銷售業績。

一、情景再現

☒ 錯誤示範

提問：寫一份關於運動鞋的銷售文案。

回答：這是我們為你精心打造的一款跑步鞋，完美融合了時尚與科技。我們的設計師和工程師合作研發出這款鞋，它可以為你提供絕佳的跑步體驗。現在就讓這雙鞋成為你跑步路上的好夥伴吧！

☑ 正確示範

提問：請為一款目標客群為年輕人的時尚運動鞋創作一段100字以內的銷售文案，凸顯產品輕便、舒適和時尚的特點。

回答：○○（品牌名）新款時尚運動鞋，輕盈如翼，展現時尚魅力！

腳下的風，讓你暢享運動時光，釋放青春活力，成為潮流領跑者！

正確示範中的提問明確了產品類型、目標客群以及產品特點，進而使ChatGPT能夠提出滿足需求的銷售文案。

二、實用方法

我們在使用ChatGPT創作銷售文案時，可以參考以下步驟。

（1）明確需求：確定具體需要撰寫的銷售文案類型，如產品介紹、廣告語等，也可以說明銷售文案的表現方式。
（2）提供關鍵訊息：包括產品類型、目標客群、產品特點等。
（3）限定字數：如果有字數要求，在提問時明確指出。
（4）多次嘗試：如果它提出的文案未能滿足需求，可以嘗試多次提問，適當調整問題表述。

三、常見範本

實際應用中，我們可以結合銷售文案的不同應用場景向ChatGPT提出需求或問題，常見的各類場景、提問範例、關鍵字範本如下。

場景1：產品介紹
提問範例：「請為○○（產品名稱）撰寫一段△△（數字）字以內的╳╳（產品）介紹文案，強調□□（產品特點）。」

場景2：廣告語

提問範例：「請為〇〇（產品名稱）創作一句引人注目的廣告語，要給人△△（感覺），凸顯╳╳（產品特點）。」

場景3：社交媒體行銷

提問範例：「請為〇〇（產品名稱）在△△（社交媒體平臺）發布的廣告創作一條吸引人的文案，這個△△（社交媒體平臺）的受眾族群主要是╳╳，特點是□□。」

場景4：促銷活動

提問範例：「請為〇〇（產品名稱）的促銷活動設計具有吸引力的宣傳語，強調△△（折扣幅度）和╳╳（活動時間）。」

場景5：客戶評價

提問範例：「請根據〇〇（客戶評價）為△△（產品名稱）編寫一段╳╳（數字）字以內的客戶評價摘要。」

場景6：產品比較

提問範例：「請比較〇〇（產品名稱A）和△△（產品名稱B）的優缺點，以便客戶做出購買決策。」

場景7：電子郵件行銷

提問範例：「請為○○（產品名稱）創作一封引人入勝的行銷郵件，字數為△△，目標客群是╳╳。」

四、注意事項

我們在應用ChatGPT輔助寫作銷售文案時，要注意以下3點。

（1）多種方案：可以從一開始就讓ChatGPT提供多個版本的方案，以供我們比較選擇。

（2）檢查修改：提出的文案可能不完全符合我們的需求，我們需要在使用前檢查和修改。

（3）注意保密：在向ChatGPT提問時，注意保護個人隱私和商業機密，避免洩露敏感訊息。

好的品牌宣傳文案不僅能讓目標客群對品牌產生積極正面的印象，而且能促進品牌傳播。ChatGPT可以協助我們創作品牌口號、品牌故事等文案，並提高品牌文案的品質，提升品牌形象和品牌傳播效果，擴大品牌影響力。

一、情景再現

☒ 錯誤示範

提問：我需要一篇關於環保公司的品牌文案。

回答：保護地球，從我們做起。

　　我們是一家致力於環保事業的公司，環保是我們的責任……選擇我們，選擇環保。讓我們攜手共建一個更加美好、健康和永續的世界！

☑ 正確示範

提問：我正在為一家專注於環保家居用品的新創公司撰寫品牌文案。該公司的目標客群是25～45歲、環保意識較強的人。請幫我

創作一個品牌口號和一段品牌故事。

回答：1. 品牌口號：綠色家居，守護美好生活每一刻。

2. 品牌故事：我們公司立志將環保理念融入家居用品，透過提供綠色、低碳、永續的家居用品，讓人們在享受舒適生活的同時，也為環保做出貢獻。

......

正確示範中的提問提供了詳細的品牌背景訊息（專注於環保家居用品的新創公司）、目標客群（25～45歲、環保意識較強的人）和需求（一個品牌口號和一段品牌故事），使ChatGPT能夠給出滿足需求的答案。

二、實用方法

我們在使用ChatGPT創作品牌向文案時，可以參考以下步驟。

（1）明確需求：確定具體需要撰寫的品牌文案類型，如品牌口號、品牌故事等。

（2）提供背景：告訴ChatGPT品牌定位、目標客群、行業特點等相關訊息。

（3）用詞準確：使用專業術語和行業內通用的詞語與ChatGPT溝通，增強文案的專業度。

（4）指導創意：為ChatGPT提供創意指引，如故事主題、情感基調等。

三、常見範本

　　實際應用中，我們可以結合品牌文案的不同應用場景向ChatGPT提出需求或問題，常見的各類場景、提問範例、關鍵字範本如下。

場景1：生成品牌口號

提問範例：「請為○○（行業）的△△（產品／服務）創作一個具有╳╳（特點）的品牌口號，品牌背景是□□（訊息內容）。」

場景2：撰寫品牌故事

提問範例：「請根據○○（品牌背景）、△△（品牌定位）、╳╳（目標客群），為□□（品牌名稱）撰寫一段品牌故事。」

場景3：優化現有文案

提問範例：「請幫我優化以下品牌文案，使其更具說服力和吸引力：（原文案內容）。」

場景4：制訂品牌傳播策略

提問範例：「請為○○（品牌名稱）制訂目標客群為△△的品牌傳播策略，以提高品牌知名度。」

場景5：撰寫品牌形象描述

提問範例：「請為○○（品牌名稱）撰寫簡潔且具有代表性的品牌形

象描述，品牌背景是△△（訊息內容）。」

場景6：設計品牌活動方案

提問範例：「請為○○（品牌名稱）設計一個目標為△△（活動目標）的品牌活動方案。」

場景7：制訂品牌內容策略

提問範例：「請為○○（品牌名稱）制訂時長為△△（時間）的品牌內容策略，以提升品牌影響力。」

四、注意事項

我們在應用ChatGPT輔助寫作品牌文案時，要注意以下5點。

（1）循序漸進：分階段提問，逐步引導ChatGPT提出完整的品牌文案。

（2）符合形象：確保ChatGPT提出的品牌文案符合品牌調性，避免其與品牌形象產生衝突。

（3）重視優化：對ChatGPT提供的品牌文案進行多次優化，確保品牌文案品質。

（4）智慧財產權：尊重智慧財產權，避免侵權。

（5）注意審核：在正式使用品牌文案前，最好徵求相關人員的意見和建議，確保品牌文案符合品牌需求和目標客群喜好。

在活動策劃和推廣中，活動策劃文案是提升活動吸引力和塑造活動形象的重要手段。而編寫一份優質的活動策劃文案，需要具備一定的文案撰寫能力和市場敏銳度。ChatGPT可以根據活動主題、目標客群和市場環境，生成具有針對性的文案，包括宣傳語、活動介紹、活動安排等方面的內容。ChatGPT還可以提供文案撰寫技巧和建議。

一、情景再現

⊠ 錯誤示範

提問：請為新品發布會寫一份活動宣傳文案。

回答：敬愛的各位用戶和合作夥伴：

我們非常高興地宣布，○○公司即將推出一款全新的產品……。

在本次發布會上，您將有機會第一時間了解這款新產品的特點和性能，並與業界專家和其他用戶互相交流使用的體驗……。

此外，我們還將在發布會上進行幸運抽獎活動……。

這是一個難得的與業界專家及其他用戶互動的機會，您將能夠結識行業內的重要人物和其他熱愛科技的用戶……。

時間……地點……。

如果您有興趣參加我們的新品發布會……

☑ 正確示範

提問：請為新品發布會活動撰寫一份宣傳文案，活動主題是「科技引領未來」，活動將於○○年○○月○○日在○○（地點）舉行，活動形式是「線上與線下」，目標客群是全球科技愛好者。

回答：「科技引領未來」○○年新品發布會——邁向未來，共創輝煌！

1、活動概述……。

2、活動主題……。

3、「線上與線下」同步直播……。

4、活動焦點：①最新科技產品發布……。②分享與交流……。③互動體驗區……。④全球科技愛好者匯聚……。

5、報名方式：……

○○年○○月○○日，讓我們相約在○○，共同開啟「科技引領未來」的嶄新篇章！在這裡，您將感受到科技的無限魅力，見證未來的曙光！

　　正確示範提供了具體的活動訊息，使ChatGPT能撰寫出更符合用戶需求、更具有參考價值的活動文案。

二、實用方法

我們在使用ChatGPT創作活動文案時，可以參考以下步驟。

（1）明確需求：確定具體需要撰寫的活動文案內容，包括活動主題、活動目的、活動時間、活動地點等。

（2）提供背景訊息：提供活動的背景訊息，包括活動主辦方和協辦方訊息、活動焦點等，以增強活動的吸引力。

（3）確定目標客群：確定活動的目標客群，以便撰寫更具針對性的文案。

（4）選擇文案風格：根據活動類型，選擇合適的文案風格，如正式、輕鬆、幽默等。

（5）調整文案長度：根據實際需要，調整文案的長度，以便在不同場合使用。

三、常見範本

實際應用中，我們可以結合活動文案的不同應用場景向ChatGPT提出需求或問題，常見的各類場景、提問範例、關鍵字範本如下。

場景1：新品發布會

提問範例：「請為○○（活動日期）在△△（活動地點）舉行的╳╳（產品名稱）新品發布會撰寫一份宣傳文案，活動主題為□□，目標客群是○○。」

場景2：慶典活動

提問範例：「請為○○（公司名稱）舉辦的△△（慶典主題）活動撰寫一份宣傳文案，活動將於╳╳（活動日期）在□□（活動地點）舉行，邀請○○（目標客群）參加。」

場景3：促銷活動

提問範例：「請為○○（公司名稱）的△△（促銷主題）活動撰寫一份宣傳文案，活動將於╳╳（活動日期）在□□（活動地點）舉行，目標客群是○○，並介紹◇◇（優惠訊息）。」

場景4：公益活動

提問範例：「請為○○（公益組織名稱）舉辦的△△（公益主題）活動撰寫一份宣傳文案，活動將於╳╳（活動日期）在□□（活動地點）舉行，旨在○○（活動目的），歡迎◇◇（目標客群）參加。」

場景5：線上活動

提問範例：「請為○○（公司名稱）舉辦的△△（線上主題）活動撰寫一份宣傳文案，活動將於╳╳（活動日期）在□□（線上平臺）舉行，目標客群是◇◇。」

場景6：競賽活動

提問範例：「請為○○（公司名稱）舉辦的△△（競賽主題）活動撰

寫一份宣傳文案，活動將於╳╳（活動日期）在□□（活動地點）舉行，目標客群是○○，獲勝者將獲得◇◇（獎勵內容）。」

場景7：招聘活動

提問範例：「請為○○（公司名稱）舉辦的△△（招聘主題）活動撰寫一份宣傳文案，活動將於╳╳（活動日期）在□□（活動地點）舉行，目標求職者是○○，提供◇◇（職位類型）等職位。」

場景8：展覽活動

提問範例：「請為○○（展覽活動）名稱撰寫一份宣傳文案，活動將於△△（展覽日期）在╳╳（展覽地點）舉行，展示□□（展覽主題）相關作品，目標客群是◇◇。」

場景9：會議活動

提問範例：「請為○○（會議活動）主題撰寫一份宣傳文案，會議將於△△（會議日期）在╳╳（會議地點）舉行，邀請□□（嘉賓名稱）等演講嘉賓，目標群體是◇◇。」

場景10：培訓活動

提問範例：「請為○○（品牌名稱）舉辦的△△（培訓主題）活動撰寫一份宣傳文案，培訓將於╳╳（培訓日期）在□□（培訓地點）舉行，目標群體是◇◇。」

四、注意事項

我們在應用 ChatGPT 輔助寫作活動文案時，要注意以下 4 點。

（1）多次嘗試：為寫出合適的活動文案，可以讓 ChatGPT 提供多個版本的文案，給自己更多的選擇。

（2）注意語言規範：確保提出的活動文案符合語言規範，避免使用過於口語化或不適當的措辭，以免影響品牌形象。

（3）關注文案邏輯：確保提出的活動文案內容清晰、連貫，符合邏輯。

（4）留意品牌形象：在文案中保持品牌形象的一致性，提升品牌的辨識度。

　　新媒體已經成了人們獲取和交流訊息的主要管道之一。為達到良好的傳播效果和口碑效應，新媒體文案需要具備精準、生動、互動性強的特點。ChatGPT不僅可以快速提出符合我們要求的新媒體文案，還可以為我們提供新媒體文案撰寫技巧和建議。

一、情景再現

☒ 錯誤示範

提問：請幫我寫一份關於兒童心理學的網路文案。

回答：兒童心理學是研究兒童心理發生與發展的特點，以及其規律的發展心理學分支。在孩子的成長過程中，我們不能只關注他們的身體健康，還需要關注他們的心理健康。了解兒童心理學，不僅可以幫助家長更了解自己的孩子，還能讓家長為孩子的成長和發展提供更好的支援⋯⋯

☑ 正確示範

提問：我是關注學前（6歲前）兒童教育領域的部落客，網路上有一

個關於學前兒童教育的熱門話題，請為我寫一份網路文案，用一則小故事說明，要求200字左右，要有一定的可讀性和互動性。

回答：小明是一個即將步入小學的孩子，他非常喜歡學習。但有一天，他對學習失去了興趣。媽媽詢問他原因，小明說：「我在學前班被老師批評，因為我在回答老師問題時，想到老師提問的那句古詩曾出現在一首歌的歌詞裡，於是我在課堂上唱歌，就被批評了，所以我不想再去上學。」

……

學前教育不僅僅是為了教孩子知識，更重要的是讓孩子在快樂中成長。學習應該是快樂的，應該與遊戲、互動和探索聯繫在一起。希望我們的孩子在學前教育中可以獲得快樂、信心和成功的經驗。

在正確示範中，提問明確了新媒體平臺、主題、目標、目標群體等關鍵訊息，使ChatGPT能準確理解使用者的需求，提出滿足使用者需求的新媒體文案。

二、實用方法

我們在使用ChatGPT創作新媒體文案時，可以參考以下步驟。

（1）明確需求：確定具體需要撰寫的新媒體文案類型，如Line追蹤社群文案、Instagram文案、Facebook粉絲專頁文案、

短影音文案等。

（2）明確主題：確定文案的主題，如職場心理健康、企業管理等，以便ChatGPT提出相關內容。

（3）描述受眾：說明目標群體的特點，幫助ChatGPT為我們量身定制文案。

（4）設定目標：確定文案要達到的目標，如提高點擊率、提高關注度等。

（5）提供關鍵訊息：提供產品或活動的關鍵訊息，如優惠詳情、活動時間等。

三、常見範本

實際應用中，我們可以結合新媒體文案的不同應用場景向ChatGPT提出需求或問題，常見的各類場景、提問範例、關鍵字範本如下。

場景1：撰寫網路追蹤社群文案

提問範例：「請幫我為○○（產品名稱）的促銷活動寫一份網路追蹤社群文案，目標客群是△△，要達到╳╳（目的），具體內容要求是□□。」

場景2：撰寫Instagram文案

提問範例：「請幫我撰寫一份關於○○（主題）的Instagram文案，目

標群體是△△，要達到╳╳（目的），具體內容要求是□□。」

場景3：撰寫Facebook粉絲專頁文案

提問範例：「請幫我撰寫一份關於○○（主題）的Facebook粉絲專頁文案，目標群體是△△，要達到╳╳（目的），具體內容要求是□□。」

場景4：撰寫短影音文案

提問範例：「我想撰寫一份關於○○（主題）的短影音文案，目標群體是△△，要達到╳╳（目的），具體內容要求是□□，請提供創意和文字內容。」

場景5：撰寫話題討論文案

提問範例：「請為○○（主題）撰寫一份能引發熱議的話題討論文案，目標群體是△△，要達到╳╳（目的），具體內容要求是□□。」

四、注意事項

我們在應用ChatGPT輔助寫作新媒體文案時，要注意以下3點。

（1）了解目標群體：向ChatGPT提出需求前，先了解目標群體是誰，以及他們的興趣和需求，以便更容易吸引他們。

（2）貼近目標群體：務必對ChatGPT提供的新媒體文案進行審查和調整，確保文案貼近目標群體。

（3）平臺規則：不同的新媒體平臺可能有不同的規則，注意遵守各平臺的規則，避免發布違規或敏感資訊。

第 **7** 章

ChatGPT 幫助長文寫作

長文寫作對許多人來說都是一項極具挑戰的任務，需要投入大量時間和精力去練習和思考才可能取得成效。借助ChatGPT的強大功能，我們將能夠在演講稿、業種報告、工作報告、新聞稿、故事和書籍內容框架等方面快速寫出高品質的長文內容。

7.1 演講稿：使用ChatGPT提升演講效果

　　要想在演講中引起聽眾的注意並讓他們對演講內容感興趣，演講者不僅需要具備一定的演講技巧和經驗，還需要有優質的演講稿。ChatGPT可以幫助演講者準備和撰寫演講稿，提升演講的效果和影響力，讓演講者更加自信地面對各種演講場合，提升其個人形象，促進職業發展。

一、情景再現

☒ 錯誤示範

提問：請為我寫一篇關於環境保護的演講稿。

回答：各位長官、各位嘉賓，親愛的同學們：

　　　大家好！我今天的演講題目是《讓我們一起保護環境，共建美好家園》。

　　　隨著現代社會的快速發展，環境問題已經成為我們必須面對的一大挑戰……。

　　　首先，我們要重視環境教育，提高人們的環保意識……。

　　　其次，我們應該採取行動來保護環境……。

　　　最後，我們要鼓勵和支援環保組織，並且舉辦環保活動……。

保護環境是我們所有人的責任，更是我們所有人的義務。讓我們一起動起來，共同保護我們的家園，共建美好未來。謝謝大家！

☑ 正確示範

提問：我是一名軟體工程師，想要參加公司舉辦的演講比賽，演講時長為 5 分鐘，演講的主題是環境保護。請結合我的職位和演講主題，寫出一篇字數為 1,500 字左右的演講文稿。內容要震撼人心、發人深省，讓大家意識到保護環境的重要性。

回答：各位評審、各位觀眾大家好：

　　我是一名軟體工程師，也是一個對環境保護問題非常關注的人……。

　　作為軟體工程師，我深刻意識到科技和環境之間的緊密聯繫……。

　　近年來，環境問題已經成為全球的首要挑戰……。

　　作為軟體工程師，我們可以採取多種方式來保護環境。

　　首先，我們需要關注和控制消耗資源。例如，我們可以採用節能的伺服器……。其次，我們可以採用環保的軟體發展方法，例如使用雲端運算來減少硬體資源的浪費……。最後，我們可以使用環保的工具和設施，例如使用永續的開發工具……。

　　保護環境是我們每個人的責任。無論我們從事什麼行業……。

　　讓我們一起動起來，為我們的子孫後代留下更美好、永續的世界。謝謝大家。

正確示範中的提問交代了演講稿的背景，進而讓ChatGPT提出的答案更有針對性。

二、實用方法

我們在使用ChatGPT寫演講稿時，可以參考以下步驟。

（1）明確需求：確定具體需要撰寫的演講稿主題、目的以及目標群體對象。

（2）設定框架：提供演講稿的基本結構，如開頭、主題論述和結尾。

（3）關注細節：提出演講中需要強調的關鍵訊息和數據資料。

（4）個性化要求：指明需要的風格和語氣，如正式、幽默或激情。

三、常見範本

實際應用中，我們可以結合演講稿的不同應用場景向ChatGPT提出需求或問題，常見的各類場景、提問範例、關鍵字範本如下。

場景1：演講開頭

提問範例：「請為我寫一個○○（主題）演講的開頭，目的是△△，目標群體是╳╳。」

場景2：論點陳述

提問範例：「請幫我陳述關於○○（主題）的△△（數字）個論點，並提供相關資料或例子來支持論點。」

場景3：激發共鳴

提問範例：「請為我寫一段關於○○（主題）的感人故事或觀點，以激發△△（目標群體）的共鳴。」

場景4：演講結尾

提問範例：「請為我寫一個關於○○（主題）演講的結尾，要強調△△（要點），並提出╳╳（行動建議）。」

場景5：轉折

提問範例：「請為我寫一個關於○○（主題）的轉捩點，要從△△（現狀）引導到╳╳（期望）。」

場景6：引用名言

提問範例：「請為我提供一句與○○（主題）相關的名言或格言，具體要求是△△，用於強調╳╳（要點）。」

場景7：資料支持

提問範例：「請為我提供一些關於○○（主題）的關鍵資料和事實，

具體要求是△△，以增強論點的說服力。」

場景8：案例分析

提問範例：「我是○○（自身情況），要進行△△（活動訊息），請為我找一個與╳╳（主題）相關的成功或失敗案例，以便進行分析和討論。」

場景9：問題引導

提問範例：「請為我提出一些關於○○（主題）的啟發性問題，以引導△△（目標群體）進行思考。」

四、注意事項

我們在應用ChatGPT撰寫演講稿時，要注意以下4點。

（1）注意長度：ChatGPT提供的演講稿可能較長，請根據實際需要調整問題或要求，以控制演講稿長度。

（2）適合自己：ChatGPT或許不能完全理解我們的處境，所以我們可以透過多次提問或修改演講稿的形式，將演講稿調整為自己需要的。

（3）核實事實和資料：ChatGPT提出的內容可能存在錯誤，在使用前注意核實相關事實和資料。

（4）保持職業道德：在使用ChatGPT提供的演講稿時，要遵守職業道德和法律規範，尊重他人的智慧財產權和隱私權。

行業報告：
使用ChatGPT進行行業研究

　　行業報告是人們了解市場情況和行業趨勢的重要途徑。撰寫行業報告需要進行大量的研究和資料分析，需要研究人員具備豐富的知識和經驗。ChatGPT可以分析大量的資料和文件，提高行業報告的品質和可靠性，進而幫助研究人員更有效率地撰寫行業報告。

一、情景再現

☒ 錯誤示範

提問：請寫出一份電動汽車業的報告。

回答：……。報告概述：隨著環境問題的日益嚴重和汽車技術的不斷
　　　進步，電動汽車已成為未來汽車發展的主要趨勢之一……。

一、電動汽車業的發展歷程

　　自19世紀末期開始，電動汽車一直是汽車業的重要組成部分……。

二、電動汽車業的現狀

全球電動汽車銷量增長迅速。從2010年至2020年，全球電動汽車銷量……。

三、電動汽車業未來的發展

電動汽車銷量將繼續增長。根據市場研究機構的預測……。

結論：電動汽車將在未來發揮越來越重要的作用……。

☑ 正確示範

提問：我是文字類媒體平臺的自媒體人，想寫一份電動汽車業的研究報告，主要目標群體是30～50歲的男性，報告內容主要包括目標群體可能感興趣和好奇的內容。該報告需要分析行業現狀、發展趨勢、市場規模、行業主要參與者及其競爭策略，以及行業面臨的機遇與挑戰，同時要提供潛在消費者是否需要購買電動汽車的建議。

回答：標題：電動汽車業洞察：為潛在消費者提供決策指南。

摘要：本報告旨在為30～50歲的男性潛在消費者提供關於電動汽車業的深入分析結果，包括……。

1、行業現狀……。

2、發展趨勢……。

3、市場規模……。

4、競爭策略……。

5、機遇與挑戰……。

6、是否購買電動汽車的建議。

根據以上分析，我們為30～50歲的男性潛在消費者提供以下建議。

①評估個人需求……。

②比較各品牌產品……。

③關注政策動態……。

④考慮長期投資回報……。

綜合以上所述……。

正確示範說明了報告的背景、目標群體和內容要求，讓ChatGPT提供的行業報告更有針對性。

二、實用方法

我們在使用ChatGPT寫行業報告時，可以參考以下步驟。

（1）明確需求：確定具體需要撰寫的行業報告類型，如市場分析報告、競爭分析報告等。

（2）提供背景訊息：為ChatGPT提供充足的行業背景、關注重點和資料來源等訊息。

（3）關注結構和邏輯：確保報告結構清晰、邏輯嚴密，便於閱讀和理解。

三、常見範本

在實際應用中，我們可以結合行業報告的不同應用場景向 ChatGPT 提出需求或問題，常見的各類場景、提問範例、關鍵字範本如下。

場景 1：行業現狀分析

提問範例：「請為我分析〇〇（行業名稱）的現狀，包括市場規模、市場規模增加速度和市場主要參與者。這類報告的目標群體是△△，要達到╳╳（目標）。」

場景 2：發展趨勢預測

提問範例：「請預測〇〇（行業名稱）在未來△△（時間段）內的發展趨勢。」

場景 3：競爭對手分析

提問範例：「請分析我在〇〇（行業名稱）中的主要競爭對手及其競爭策略。」

場景 4：市場細分分析

提問範例：「請分析〇〇（行業名稱）的市場細分情況，包括各個細分市場的規模和規模增加速度。」

場景 5：機會與挑戰分析

提問範例：「請為我分析○○（行業名稱）面臨的機會與挑戰。」

場景 6：政策影響

提問範例：「請梳理○○（行業名稱）的相關政策，並分析這些政策對△△（行業名稱）的影響。」

場景 7：關鍵技術發展趨勢

提問範例：「請為我總結○○（行業名稱）未來△△（數字）年的關鍵技術發展趨勢。」

場景 8：消費者需求分析

提問範例：「請分析○○（行業名稱）中消費者需求的特點及變化。」

場景 9：行業SWOT分析

提問範例：「請對○○（行業名稱）進行SWOT分析。」

場景 10：行業風險評估

提問範例：「請為我評估○○（行業名稱）的潛在風險，並給出建議。」

四、注意事項

我們在應用ChatGPT撰寫行業報告時，要注意以下3點。

（1）確保資料準確：在使用ChatGPT撰寫行業報告時，關注資料的正確性，以保證報告內容的準確度。

（2）注意時效性：行業情況會隨著時間的推移而發生變化，因此需要關注報告中資料的時效性。

（3）保持客觀中立：在撰寫行業報告時，儘量保持客觀中立的態度，避免受個人觀點和偏見的影響。

7.3 工作報告：讓ChatGPT做總結和彙報

　　撰寫工作報告需要大量的時間和精力，總結和彙報工作成果，更需要職場人對工作有深入的理解和較強的分析能力。ChatGPT可以幫助職場人更有效率、精準、快速地總結工作成果，提升工作效率和職場競爭力。

一、情景再現

☒ 錯誤示範

提問：請幫我寫出一份銷售部門本季度的工作報告。

回答：……

一、本季度銷售業績總體情況。

　　本季度的銷售部門共達成銷售額〇〇萬元，與去年同期相較增長……。

二、本季度銷售工作重點和成果。

　　本季度的銷售部門針對市場變化，採取多項措施，取得了以下成果。

1、市場行銷工作成果顯著……

2、銷售通路布局成效顯著……

3、客戶服務品質穩步提升……

三、下個季度銷售工作展望。

下個季度，銷售部門將繼續努力，以更高的熱情和更實用的措施完成銷售任務，取得更好的成績。具體計畫如下……

☑ 正確示範

提問：我是一個汽車銷售部門的主管，這是我們這個季度的工作情況……。請幫我寫出一份銷售部門本季度的工作報告，包括本季度完成的任務、本季度遇到的問題和解決方案，以及下個季度的工作計畫。報告中說明本季度由於市場波動，我們沒有完成銷售任務，但下個季度我們一定會完成任務。

回答：……

一、本季度完成的任務。

1、完成了新產品的上市推廣活動……

2、優化客戶服務流程，提升了客戶滿意度……

3、深入分析市場數據，找到潛在客戶群體……

4、對銷售團隊進行培訓和指導……

二、本季度遇到的問題和解決方案

問題1：本季度由於市場波動，我們未能完成銷售任務。

解決方案：我們已經針對市場波動進行深入分析，發現主要原因在於……。

問題2：銷售團隊未能覆蓋某些區域。

解決方案：我們計畫在下個季度對現有銷售團隊進行調整和擴充……。

三、下個季度的工作計畫

1、制訂下個季度的銷售目標和策略……

2、繼續加強行銷推廣力度……

3、持續提升客戶體驗……

4、加強銷售團隊的管理與培訓……

5、對市場進行持續跟蹤和分析……

6、加強與合作夥伴的溝通與合作……

7、鼓勵創新……

正確示範中的提問提供了更詳細的背景訊息和細節要求，使ChatGPT能夠更理解使用者需求，並給出更讓人滿意的回答。

二、實用方法

我們在使用ChatGPT寫工作報告時，可以參考以下步驟。

（1）明確需求：確定具體需要撰寫的工作報告主題、時間範圍、工作內容等。

（2）提供細節：提供關鍵細節，例如完成的任務、遇到的問題和解決方案等，讓ChatGPT能夠回答出具體內容。

（3）明確格式：描述報告的結構和格式，如分點、分段等，以便ChatGPT回答符合要求的文本。

（4）模擬情境：模擬實際工作場景，以便ChatGPT能更理解我們的需求。

三、常見範本

實際應用中，我們可以結合工作報告的不同應用場景向ChatGPT提出需求或問題，常見的各類場景、提問範例、關鍵字範本如下。

場景1：工作總結

提問範例：「我是○○（自身情況），目前工作情況是△△（基本訊息），請幫我寫出一份╳╳（時間範圍）的□□（部門名稱）工作總結，內容包括完成的任務、遇到的問題和解決方案。」

場景2：專案進度報告

提問範例：「我是○○（自身情況），當前專案大致情況是△△（基本訊息），請為我撰寫一份關於╳╳（專案名稱）的進度報告，內容包括已完成的工作、未來的計畫以及可能的風險。」

場景3：年度業績報告

提問範例：「我是〇〇（自身情況），今年的業績情況是△△（基本訊息），請提供一份年度業績報告，包含營收、淨利潤、同期相比增長幅度等關鍵指標。」

場景4：部門週報

提問範例：「我是〇〇（自身情況），這週工作的大致情況是△△（基本訊息），請為我撰寫✕✕（部門名稱）上週的工作週報，內容包括完成的任務、遇到的問題及解決方案。」

場景5：會議摘要

提問範例：「〇〇（記錄的基本訊息），以上是我的會議記錄，請根據△△（會議主題）和✕✕（與會人員）為我提供一份會議摘要，內容包括會議的主要議題、達成的共識，以及分配給與會人員的任務。」

場景6：員工績效評估報告

提問範例：「〇〇（報告的基本訊息），以上是△△（員工）在✕✕（時間段）的績效情況，請提供一份績效評估報告，內容包括對員工的工作成果、工作態度、團隊合作情況等方面的評價。」

場景7：客戶滿意度調查報告

提問範例：「○○（報告的基本訊息），以上是△△（時間段）客戶滿意度的調查結果，調查方式和過程為╳╳，請為我提供一份關於客戶滿意度的調查報告，內容包括調查結果、問題分析以及改進建議。」

四、注意事項

我們在應用ChatGPT寫工作報告時，要注意以下3點。

（1）足量的資料：確保提供給ChatGPT的資料完整且詳細，以便回答出更準確和更有針對性的報告。如果資料的量不足，將生成泛泛而談的報告。

（2）保護隱私：在與ChatGPT交流時，注意不要洩露敏感資訊，如個人隱私、公司機密等。

（3）及時回饋：使用過程中遇到問題或對回答不滿意時，可以回饋給ChatGPT，也可以持續補充訊息或追問，進而提升回答的品質。

7.4 新聞稿：ChatGPT能幫助寫出有影響力的新聞

ChatGPT可以分析大量的新聞資料和文件，進而更加精準地撰寫引人注意的新聞稿，讓編輯更有效率地推出具有影響力的新聞報導，提高新聞報導的品質和可信度。此外，ChatGPT還可以協助進行新聞稿改寫，並提供新聞稿的撰寫技巧和建議。

一、情景再現

☒ 錯誤示範

提問：請為我寫一篇關於A科技公司發布新手機產品B的新聞稿。

回答：A科技公司今天宣布推出其最新手機產品B，這是一款顛覆性的產品，可滿足消費者的多種需求。

產品B的設計靈感來源是⋯⋯。

產品B旨在滿足使用者的多元化需求⋯⋯。

產品B將於近期上市⋯⋯。

☑ 正確示範

提問：請為我寫一篇關於A科技公司發布新手機產品B的新聞稿，這

款產品採取了行業領先的螢幕摺疊技術、人工智慧技術……。

文稿要涵蓋以下要點：產品特點、發布會細節、市場預期。

回答：標題：A公司發布採用螢幕摺疊技術的新手機，市場預期高漲。

正文：A公司今日發布了一款行業領先的螢幕摺疊技術手機，將大螢幕與方便攜帶完美結合，為消費者帶來了極具競爭力的新選擇……。

A公司的新品發布會於今日在全球各大城市同步直播。A公司對這款產品感到非常自豪，並希望它能為用戶帶來極大的價值和樂趣……。

根據市場分析，A公司此次發布的B手機是一款具有極大市場潛力的產品……。

錯誤示範中的提問給出的訊息量較少，而正確示範中的提問明確指出了新聞稿的主題和要點，進而使ChatGPT能夠提供符合使用者需求的新聞稿。

二、實用方法

我們在使用ChatGPT寫新聞稿時，可以參考以下步驟。

（1）明確需求：確定新聞稿的主題、類型（如時事、財經、科技等）以及要點。

（2）提供背景訊息：提供新聞事件的背景訊息和相關數據，幫助

ChatGPT更理解事件的重要性和影響。

（3）結構安排：指導ChatGPT按照新聞稿的常見結構（緒言、正文、結尾）進行撰寫。

（4）核實資訊：確保ChatGPT提供的新聞稿資訊準確無誤。

三、常見範本

我們可以結合新聞稿的不同應用場景向ChatGPT提出需求或問題，常見的各類場景、提問範例、關鍵字範本如下。

場景1：撰寫公司的新聞稿

提問範例：「請結合○○（訊息內容），為我寫一篇△△（公司名稱）發布××（新產品／服務）的新聞稿，內容包括□□（產品／服務特點）、◎◎（發布會細節）、◇◇（市場預期）。」

場景2：撰寫財經類別的新聞稿

提問範例：「請結合○○（訊息內容），為我寫一篇關於△△（經濟指標）公布的財經新聞稿，內容包括××（指標資料）、□□（市場反應）。」

場景3：撰寫科技類別的新聞稿

提問範例：「請結合○○（訊息內容），為我寫一篇關於△△（科技公司）發布××（新技術／產品）的科技新聞稿，內容包括□□（新技

術／產品焦點）、◎◎（行業運用前景）、◇◇（市場競爭分析）。」

場景4：撰寫社會類別的新聞稿

提問範例：「請結合◯◯（訊息內容），為我寫一篇關於△△（社會事件）的新聞稿，內容包括✕✕（事件背景）、▢▢（相關資料）、◎◎（公眾反應）。」

場景5：撰寫體育類別的新聞稿

提問範例：「請結合◯◯（訊息內容），為我寫一篇關於△△（運動員／團隊）在✕✕（比賽項目）中取得▢▢（成績）的體育新聞稿，內容包括◎◎（比賽過程）、◇◇（背後故事）、☆☆（未來展望）。」

場景6：撰寫文化類別的新聞稿

提問範例：「請結合◯◯（訊息內容），為我寫一篇關於△△（文化活動／節目）的文化新聞稿，內容包括✕✕（文化活動／節目焦點）、▢▢（觀眾回饋）、◎◎（文化價值）。」

場景7：撰寫教育類別的新聞稿

提問範例：「請結合◯◯（訊息內容），為我寫一篇關於△△（教育政策／活動）的教育新聞稿，內容包括✕✕（教育政策／活動目標）、▢▢（實施細節）、◎◎（受益人群）。」

場景8：撰寫環保類別的新聞稿

提問範例：「請結合○○（訊息內容），為我寫一篇關於△△（環保專案／政策）的環保新聞稿，內容包括××（環保專案／政策目標）、□□（實施方案）、◎◎（預期效果）。」

場景9：撰寫旅遊類別的新聞稿

提問範例：「請結合○○（訊息內容），為我寫一篇關於△△（旅遊勝地／活動）的旅遊新聞稿，內容包括××（旅遊勝地／活動特色）、□□（遊客體驗）、◎◎（旅遊產業發展情況）。」

四、注意事項

我們在應用ChatGPT寫新聞稿件時，要注意以下3點。

（1）調整格式：ChatGPT提供的新聞稿可能不會完全符合專業新聞稿的格式要求，我們需要對其格式進行調整。

（2）充分調查研究：雖然ChatGPT能夠提供有關新聞稿的寫作建議，但它無法代替新聞記者擁有的經驗和專業知識。在使用ChatGPT提出的新聞稿時，要確保對內容裡的事件和訊息進行充分的研究和核實。

（3）確保品質：使用ChatGPT寫新聞稿時，切勿過於依賴其自動生成的內容。對於關鍵訊息和觀點，要進行充分思考和論證，以確保新聞稿的品質。

7.5 故事：不同風格的故事可以這樣寫

故事寫作是一項需要創造力和想像力的工作。無論是科幻、懸疑、愛情還是幽默，每一種風格的故事都需要獨特的創意和敘述方式。ChatGPT可以根據我們輸入的主題、情節，寫出不同風格的故事，還可以提供故事寫作技巧和建議，幫助我們輕鬆寫出故事。

一、情景再現

☒ 錯誤示範

提問：請幫我寫一個科幻故事。

回答：在某個星際帝國中，有一支名為星際巡邏隊的精英部隊，他們的任務是保護星際帝國的安全……

☑ 正確示範

提問：請為我寫一個科幻題材的故事，主要角色是一位太空人，背景設定在外太空的一個廢棄太空站，希望有緊張的氛圍和出乎意料的結局，字數為1,000字左右。

回答：在遙遠的外太空，一個廢棄的太空站孤零零地漂浮在星體與星體之間。太空人傑克接到任務，需要前往這個太空站進行調

查。他踏上太空站後，發現了令人震驚的祕密⋯⋯。

正確示範中的提問提供了關於故事類型、主題、背景和角色的詳細訊息，使得ChatGPT能夠根據具體需求生成相應的故事。

二、實用方法

我們在使用ChatGPT進行故事寫作時，可以參考以下步驟。

（1）明確需求：確定具體需要撰寫的故事類型，如科幻、愛情、懸疑等。

（2）設定背景：為故事創建一個合適的背景，指明故事發生的時間、地點等。

（3）設計角色：為故事設計主要角色，包括設定主要角色的性格、外貌等特徵。

（4）規劃情節：根據故事類型和背景，設計吸引人的情節。

（5）引入高潮：設置高潮，使故事情節走向緊張和激烈。

（6）創作結局：根據故事類型和情節，設計一個精彩的結局。

三、常見範本

我們可以結合不同的故事寫作情況，向ChatGPT提出需求或問題，常見的各類情況、提問範例、關鍵字範本如下。

場景1：設定故事背景

提問範例：「請為○○（故事類型）的故事設定一個△△（情境描述）的背景。」

場景2：創建故事角色

提問範例：「請為○○（故事類型）的故事創建一個△△（角色特徵）的主要角色。」

場景3：設計情節

提問範例：「請為○○（故事類型）的故事設計一個關於△△（主題）的情節。」

場景4：編寫故事開頭

提問範例：「請為○○（故事類型）的故事創作一個引人入勝的開頭。」

場景5：設置故事高潮

提問範例：「請為○○（故事類型）的故事設計緊張且激烈的高潮。」

場景6：創作故事結局

提問範例：「請為○○（故事類型）的故事編寫一個△△（結局特點）的結局。」

場景7：加入情感元素

提問範例：「請在○○（故事類型）的故事中融入△△（情感類型）的元素。」

場景8：設計角色互動

提問範例：「請設計○○（角色A）與△△（角色B）在□□（故事類型）故事中的互動。」

場景9：調整故事節奏

提問範例：「請為○○（故事類型）的故事調整節奏，使其在△△（某一段落）變得有□□（節奏特點）。」

場景10：優化故事細節

提問範例：「請將○○（故事類型）的故事優化為△△（需要優化的細節），具體要是□□。」

四、注意事項

我們在應用ChatGPT進行故事寫作時，要注意以下3點。

（1）關注故事結構：故事的結構非常關鍵，要確保故事具有合理的結構，包括起、承、轉、合等部分，使故事更加完整和有趣。

（2）注意篇幅控制：根據實際需求，控制故事篇幅，避免故事過長或過短。

（3）反覆修改：好故事是寫出來的，更是修改出來的。在ChatGPT寫出的故事基礎上，根據需要進行反覆修改，提升故事品質。

7.6 書籍框架：使用ChatGPT寫出內容提綱

　　撰寫一本好書需要做好準備工作，其中最重要的一步就是制訂書籍內容框架。然而要想制訂一個全面、有系統的書籍內容框架，需要具備豐富的專業知識和經驗。ChatGPT不僅可以根據主題、目標讀者和出版需求，寫出有針對性的書籍框架，而且可以提供書籍框架寫作技巧和建議，幫助我們創作出高品質的書籍內容。

一、情景再現

☒ 錯誤示範

提問：我想撰寫一本關於管理的書，請幫我寫出一個目錄吧。

回答：以下是關於管理書籍的通用目錄：

    1、管理概述

    2、管理理論

    3、管理方法和技巧

    4、團隊管理

    5、專案管理

    6、人力資源管理

    ......

☑ 正確示範

提問：我想撰寫一本中小企業創新管理的書，目標讀者是企業管理者，主要討論如何透過創新管理提升企業競爭力。請幫我寫出一份書籍內容框架。

回答：以下是一份關於中小企業創新管理的書籍內容框架。

引言：創新管理在中小企業中的重要性

……

2 創新管理理論與實踐

    2.1 創新管理的基本原理

    2.2 創新管理的核心要素

    2.3 創新管理的最佳實踐

3 中小企業創新管理策略

    3.1 建立創新型企業文化

    3.2 搭建創新管理平臺

    3.3 發掘企業內部創新資源

    3.4 創新合作與外部資源整合

4 創新管理的實施與評估

    4.1 制訂創新管理目標與計畫

    4.2 追蹤創新專案的進展

    4.3 創新績效評估與激勵

……

中小企業創新管理案例分析

結語：創新管理有助於中小企業持續發展……

　　錯誤示範中的提問過於廣泛，沒有確定書籍的具體方向和內容。因此，ChatGPT只能給出一個通用的管理類書籍目錄。正確示範中的提問明確了書籍的主題、目標讀者和內容方向，使ChatGPT能夠提供一個更具體和更有針對性的書籍內容框架。

二、實用方法

　　我們在使用ChatGPT寫書籍內容框架時，可以參考以下步驟。

（1）明確需求：確定書籍的主題、目標讀者和內容方向，以便ChatGPT寫出更精準的書籍框架。

（2）提供關鍵訊息：向ChatGPT提供關鍵訊息，如書籍類型、領域、寫作目的等，以便提供令我們滿意的書籍框架。

（3）分層次提問：逐步提問，從大的方向到細節，這樣可以幫助ChatGPT寫出更詳細和完整的書籍框架。

（4）結構性指導：提供章和節的結構要求，以便ChatGPT寫出符合我們預期的書籍框架。

三、常見範本

　　實際應用中，我們可以結合書籍框架的不同應用情況，向ChatGPT提出需求或問題，常見的各類情況、提問範例、關鍵字範本如下。

場景1：明確寫作主題

提問範例：「我想寫一本關於○○（主題）的書，目標讀者是△△，主要討論××（內容方向）。請幫我寫出一份書籍框架。」

場景2：需要確定寫作方向

提問範例：「我對○○（領域）很感興趣，想寫一本△△類型的書。請根據××（目標讀者）的需求，給我一些建議，並提供一份書籍框架。」

場景3：需要調整現有書籍框架

提問範例：「這是我為關於○○（主題）的書所準備的書籍框架，請根據△△（目標讀者）和××（內容方向），幫我調整內容。」

場景4：需要分析和比較不同觀點

提問範例：「我想寫一本關於○○（主題）的書，內容包含△△（觀點A）和××（觀點B）的對比分析。請幫我寫出一份包含分析和對比相關內容的書籍框架。」

場景5：需要提供案例分析

提問範例：「我想寫一本關於○○（主題）的書，內容主要包含△△（領域）的案例分析。請幫我寫出一份包含案例分析的書籍框架。」

場景6：需要綜合多方資料

提問範例：「我想寫一本關於○○（主題）的書，需要綜合△△（資料A）和╳╳（資料B）等多方資料。請幫我寫出一份內容包含多方資料分析的書籍框架。」

場景7：需要凸顯可實際操作的內容

提問範例：「我想寫一本關於○○（主題）的書，強調可實際操作。請幫我寫出一份包含操作指南和技巧的書籍框架。」

場景8：需要論述前瞻性話題

提問範例：「我想寫一本關於○○（主題）的書，探討未來發展趨勢。請幫我寫出一份包含前瞻性分析的書籍框架。」

場景9：需要跨學科研究

提問範例：「我想寫一本關於○○（主題）的書，涉及△△（學科A）和╳╳（學科B）的交叉研究。請幫我寫出一份包含跨學科研究的書籍框架。」

場景10：需要展示個人觀點

提問範例：「我想寫一本關於○○（主題）的書，表達我的△△（觀點）。請幫我寫出一份包含個人觀點闡述的書籍框架。」

四、注意事項

我們在應用ChatGPT寫出書籍框架時，要注意以下3點。

（1）多次嘗試：ChatGPT一次提供的內容也許不全面，可以嘗試多次提問以獲得滿意的書籍框架。

（2）檢查提供的內容：在使用ChatGPT提供的書籍框架時，需要仔細檢查其準確性和邏輯性，以確保滿足我們的需求。

（3）人工審查和調整：在使用ChatGPT提供的書籍框架時，需要根據實際需求進行人工審查和調整，以保證內容品質。

第 **8** 章

ChatGPT 可以協助影片創作

影片已經成為人們獲取訊息、學習和娛樂的重要管道。無論是短影音創作還是中長影片創作，都需要豐富的想像力、獨特的創意以及精湛的拍攝和剪輯技術。ChatGPT 可以在腳本策劃、畫面內容、故事設計、時間設計和臺詞設計等方面提供寶貴的建議，幫助我們創作品質更好、更精彩的作品。

8.1 腳本策劃：不同類型的影片腳本怎麼寫？

影片腳本策劃作為影片製作的重要部分，對於影音的品質和效果有著非常重要的影響。不同類型的影片需要不同類型的腳本。ChatGPT 不僅可以根據影片的主題、類型和要求，生成具有針對性的影片腳本，還可以提供影片腳本寫作技巧和建議，幫助我們更輕鬆地創作出高品質的影片。

一、情景再現

⊠ 錯誤示範

提問：請為我寫出一個傢俱企業的產品推廣影片腳本。

回答：……

開場畫面：一個寬敞、現代的居家空間，有一家人在一起聚會。

聲音：歡快的音樂。

畫面：沙發、椅子、茶几和電視櫃等傢俱的近景，隨後鏡頭慢慢推到一個更廣闊的視角，展示整個客廳和餐廳。

聲音：傢俱是家居搭配中必不可少的元素，它們不僅讓我們的生活更加舒適，也展現我們的個人品味和生活方式。

畫面：進入工廠，展示傢俱的生產流程，包括設計、材料選取、加工製造，以及嚴格的品質控制。

聲音：我們深知高品質的傢俱是您家居生活的基石，因此，我們以創新的設計理念和精湛的生產工藝，為您打造出優質的傢俱產品。

……

☑ **正確示範**

提問：我要為某個傢俱業的企業製作一部3分鐘的產品推廣影片，目標群體是25～45歲的家庭主婦，請幫我寫出一份影片腳本。

回答：……

標題：打造溫馨家居空間，讓家成為您的最愛。

時長：3分鐘。

目標群體：25～45歲的家庭主婦。

背景音樂：輕鬆、愉快的旋律。

鏡頭1時長：00：00—00：05

畫面：陽光明媚的清晨，鳥兒在樹枝上歡唱。

旁白：每一個清晨，都是一個家新的開始。

鏡頭2時長：00：06—00：20

畫面：鏡頭推到溫馨的客廳，展示傢俱產品，如時尚沙發、實用茶几等。

旁白：在這個家，每一件傢俱都充滿了愛與關懷，我們的使命是為您的家創造溫馨舒適的氛圍。

鏡頭3時長：00：21—00：40

畫面：鏡頭轉向廚房，展示廚房傢俱，如櫥櫃、餐桌、吊櫃等。

旁白：在這個家，烹飪美食不再是一件煩瑣的事，我們的廚房傢俱將烹飪變成了一種享受。

……

與錯誤示範相比，正確示範中的提問加入了影片的時長和目標群體，進而使ChatGPT寫出更貼合使用者需求的答案。

二、實用方法

我們在使用ChatGPT寫影片腳本時，可以參考以下步驟。

（1）明確需求：確定具體需要撰寫的影片腳本類型，如宣傳片、產品介紹、教學流程等。

（2）提供關鍵訊息：提供詳細的訊息給ChatGPT，包括行業、影片時長、目標群體等。

（3）結構性指導：向ChatGPT提供影片腳本的結構要求，例如，需要包含開場、正文、結尾等部分。

（4）確定風格：告知ChatGPT我們期望的語言風格，如正式、幽默等。

三、常見範本

實際應用中，我們可以結合影片腳本的不同應用情況，向ChatGPT提出需求或問題，常見的各類情況、提問範例、關鍵字範本如下。

場景1：製作企業宣傳片

提問範例：「請為○○（行業）的企業製作一份宣傳片腳本，宣傳片時長為△△，目標群體是╳╳。」

場景2：製作產品介紹影片

提問範例：「我想為○○（產品名稱）製作一部產品介紹影片，影片時長為△△，目標客群是╳╳，請幫我寫一份腳本。」

場景3：製作教學影片

提問範例：「請幫我寫出一份關於○○（技能／行業）的教學影片腳本，影片時長為△△，目標群體是╳╳。」

場景4：製作訪談影片

提問範例：「請為我提供一份關於○○（主題）的訪談節目腳本，訪談節目時長為△△，採訪對象是╳╳。」

場景5：製作廣告影片

提問範例：「請為○○（品牌名稱）製作一份廣告影片腳本，影片時

長為△△，廣告主題是╳╳，目標客群是□□。」

場景6：製作活動宣傳影片

提問範例：「請為○○（活動名稱）製作一份活動宣傳影片腳本，影片時長為△△，活動主題是╳╳，目標群體是□□。」

場景7：製作公益宣傳片

提問範例：「請為○○（公益主題）製作一份公益宣傳片腳本，宣傳片時長為△△，目標群體是╳╳。」

場景8：製作紀錄片

提問範例：「請幫我寫一份關於○○（主題）的紀錄片腳本，紀錄片時長為△△，目標群體是╳╳。」

場景9：製作招聘影片

提問範例：「請為○○（公司名稱）製作一份招聘影片腳本，影片時長為△△，目標群體是╳╳。」

場景10：製作內部培訓影片

提問範例：「請為○○（公司名稱）製作一份內部培訓影片腳本，影片時長為△△，培訓主題是╳╳，目標群體是□□。」

四、注意事項

我們在應用ChatGPT寫影片腳本時，要注意以下3點。

（1）關注細節：在向ChatGPT提需求或問題時要關注細節，例如行業術語、目標群體喜好等。

（2）語言風格：針對不同行業和不同目標群體，要使用合適的語言和風格，避免使用不恰當的詞語和表達方式。

（3）智慧財產權：注意保護智慧財產權，避免抄襲他人的作品。

畫面設計：貼近主題的畫面可以這樣設計

良好的畫面設計不僅能提升影片的品質和觀賞度，還能更好地傳達主題和情感。ChatGPT可以根據影片的主題、情感和目標群體，提供有針對性的畫面設計方案，提供畫面設計技巧和建議，讓觀眾能更理解和感受影片傳達的主題和情感。

一、情景再現

☒ 錯誤示範

提問：我想製作一部環保類的影片，請給我一些畫面內容的建議。

回答：製作環保類影片可以從以下方面考慮。

1、生態系統：拍攝大自然的美景……。

2、垃圾分類：拍攝人們在日常生活中進行垃圾分類和資源回收的情況……。

3、節能減碳：拍攝人們在家庭、學校、辦公室等場所中節能減碳的情況……。

4、再生能源：拍攝再生能源的利用情況……。

5、社會活動：拍攝一些社會活動……。

6、綠色交通：拍攝一些低碳交通運輸的方式……。

☑ 正確示範

提問：請為我提供一份關於環保主題的宣傳片畫面內容架構，宣傳片
　　　時長為3分鐘，目標群體為青少年。畫面中不要出現動畫片。

回答：……

畫面1時長：0：00—0：10
開場畫面，鏡頭緩慢推進，清晨的陽光照射在鬱鬱蔥蔥的森林
裡，鳥兒在歡樂地歌唱。

畫面2時長：0：11—0：25
鏡頭切換至一個繁忙的城市，一些青少年騎著自行車，展現低
碳運輸的方式。

畫面3時長：0：26—0：40
鏡頭轉向學校，聚焦幾名學生在課堂中利用廢棄材料製作環保
手工製品，如利使用廢紙做成筆筒、廢塑膠瓶製作花瓶等。
……

　　正確示範中的提問明確了影片主題、類型、時長、目標群體和要
求，因此ChatGPT提供了具體、有針對性的畫面內容。

二、實用方法

我們在使用ChatGPT寫出畫面內容架構時，可以參考以下步驟。

（1）確定類型：首先確定影片的類型，例如宣傳片、紀錄片、教學影片等。

（2）確定目標群體：確定目標群體，以便生成符合目標群體特點的畫面內容。

（3）設定時長：根據影片時長，合理安排畫面內容，避免內容過於拖沓或緊湊。

（4）提供關鍵訊息：提供與影片主題相關的關鍵訊息，如地點、人物、事件等，以便ChatGPT提供具體的畫面內容策略。

三、常見範本

實際應用中，我們可以結合影片畫面內容的不同應用場景，向ChatGPT提出需求或問題，常見的各類場景、提問範例、關鍵字範本如下。

場景1：製作短影音

提問範例：「請為○○（主題）製作短影音畫面內容，短影音時長為△△，期望得到╳╳（效果），要有□□（訊息內容），目標群體是◎◎。」

場景2：製作教學影片

提問範例：「請為○○（課程名稱）製作教學影片畫面內容，影片時長為△△，目標群體是╳╳。」

場景3：製作紀錄片

提問範例：「請為○○（主題）製作紀錄片畫面內容，紀錄片時長為△△，目標群體是╳╳。」

場景4：製作企業宣傳片

提問範例：「請為○○（公司名稱）製作企業宣傳片畫面內容，宣傳片時長為△△，是關於╳╳（企業簡介），目標群體是□□。」

場景5：製作產品推廣影片

提問範例：「請為○○（產品名稱）製作產品推廣影片畫面內容，影片時長為△△，目標群體是╳╳。」

場景6：製作公益廣告

提問範例：「請為○○（公益主題）製作公益廣告畫面內容，廣告時長為△△，目標群體是╳╳。」

場景7：製作旅遊宣傳片

提問範例：「請為○○（旅遊目的地）製作旅遊宣傳片畫面內容，宣

傳片時長為△△，目標群體是╳╳。」

場景 8：製作活動回顧影片

提問範例：「請為○○（活動名稱）製作活動回顧影片畫面內容，影片時長為△△，目標群體是╳╳。」

場景 9：製作訪談節目

提問範例：「請為○○（訪談主題）製作訪談節目畫面內容，節目時長為△△，目標群體是╳╳。」

四、注意事項

我們在應用 ChatGPT 寫出畫面內容時，要注意以下 3 點。

（1）影片類型和風格：應確保畫面內容與影片類型和風格相符，避免出現不協調的畫面內容。

（2）文化差異：注意考慮目標群體的文化差異，避免產生文化衝突。

（3）版權問題：在引用圖片、音樂等素材時，一定要注意版權問題，避免侵犯他人權益。

故事設計：
使用ChatGPT寫出有起承轉合的故事

ChatGPT不僅可以根據主題、情節和需求，寫出有針對性的故事框架以及故事的開頭、發展和結尾等各方面內容，為故事設計扣人心弦的情節、豐富的人物形象，還可以提供敘事技巧，幫助我們創作出更有價值的故事。

一、情景再現

☒ 錯誤示範

提問：請幫我設計一個關於環保的故事。

回答：故事名稱：小鎮環保計畫。

傑夫是這個小鎮上的一位年輕人，他非常關注環保問題，經常透過舉辦社區活動來提高當地居民的環保意識。這一天，他在社區活動中心舉辦了一次環保講座，邀請了許多人參加。

……

透過這次環保活動，小鎮的居民們開始意識到他們的生活習慣對環境產生了什麼樣的影響，以及他們可以採取什麼行動來保護環境。

小鎮也因此成了環境保護方面的典範，吸引更多的人關注和參與環保行動。

☑ 正確示範

提問：請為一部關於環保的15分鐘紀錄片製作一個有起承轉合、有衝突、有對話的故事，目標群體為年輕人。

回答：在一座被嚴重汙染的城市，一群年輕人為了環保發起一場倡議活動。他們不畏艱難，試圖喚醒社會對環保的重視……。

標題：地球的呼聲。

時長：15分鐘。

目標群體：年輕人。

概要：一位名叫小楊的年輕人發現了一個地球的神祕訊息。他與一位環保專家、一位企業家以及一位政府官員展開一場關於環保和永續發展的對話。

鏡頭1：夜晚，小楊在屋子裡用電腦閱讀訊息。他突然看到一條資訊，標題為「地球的呼聲」。

小楊（自言自語）：什麼是地球的呼聲？這是什麼意思？

鏡頭2：第二天，小楊去圖書館查詢關於環保的資料。他偶遇一位環保專家——林教授。

小楊：您好，林教授。我昨晚收到一個關於地球的呼聲的神祕訊息，這是什麼意思？

林教授：地球的呼聲是指我們的地球需要大家關注環保，採取行動保護生態環境⋯⋯。

正確示範提供了具體的影片主題和類型、目標群體等關鍵資訊，使ChatGPT能夠寫出滿足使用者需求的故事。

二、實用方法

我們在使用ChatGPT進行故事設計時，可以參考以下步驟。

（1）明確需求：確定具體需要提供的影片類型。

（2）設定結構：為故事設置起承轉合的結構，確定每個部分的內容和作用。

（3）描述衝突：描述故事的衝突點，使故事更具戲劇性和吸引力。

（4）創造對話：在故事中加入對話，使角色形象更加豐滿，情感表達更加充沛。

三、常見範本

實際應用中，我們可以結合影片故事的不同應用場景，向ChatGPT提出需求或問題，常見的各類場景、提問範例、關鍵字範本如下。

場景1：設計短影音故事

提問範例：「請為○○（平臺名稱）設計一個關於△△（主題）的短影音故事，短影音時長為××，故事中要包含□□（具體要求），目標群體是◎◎。」

場景2：設計電影故事

提問範例：「請為○○（電影類型）的電影設計一個故事，電影時長為△△，故事主題為××，目標客群是□□。」

場景3：設計廣告故事

提問範例：「請為○○（產品名稱）設計一個廣告故事，廣告時長為△△，故事主題為××，目標客群是□□。」

場景4：設計微電影故事

提問範例：「請為關於○○（主題）的微電影設計一個故事，微電影時長為△△，故事內容要有起承轉合、衝突、對話，目標群體是××。」

四、注意事項

我們在應用ChatGPT做故事設計時，要注意以下4點。

（1）注意時長與內容匹配：根據影片時長來調整故事的內容，保證在限定時間內講述完整的故事。

（2）確保故事符合目標群體的需求：在設計影片故事時，要考慮目標群體的喜好和需求，確保故事內容能夠引起他們的興趣。

（3）不要過度依賴範本：雖然ChatGPT能提供常見範本，但藝術是沒有規則的，我們應根據實際需求對ChatGPT提供的內容進行調整，發揮創意，策劃出更符合自身需求的故事。

（4）保持創意和獨特性：避免一味地模仿他人作品，避免出現侵權、違法等問題。

時間設計：使用 ChatGPT 控制影片時間節奏

對影片中不同畫面做時間節奏設計，不僅能提升影片的品質和觀賞度，還能傳遞情感。ChatGPT 可以根據使用者提供的劇情、場景和目標觀眾，寫出有針對性的影片時間節奏設計方案，讓觀眾更能理解和感受影片所傳達的主題和情感。

一、情景再現

☒ 錯誤示範

提問：設計影片腳本時，該如何合理安排時間？

回答：設計影片腳本時，應從以下幾個方面來合理安排時間。

> 1、確定影片時長：……。
>
> 2、分割內容：……。
>
> 3、平衡資訊密度：……。
>
> 4、考慮節奏和動態：……。
>
> 5、預留時間給互動環節：……。
>
> 6、試運行和調整：……。

☑ 正確示範

提問：我想製作一部時長為5分鐘的產品介紹影片，目標群體是潛在客戶，我該如何控制影片時間節奏？

回答：以下是一個簡化的影片時間節奏設計方案。

0：00—0：30：視頻開頭，展示公司Logo和產品名稱……

0：31—1：30：介紹產品特點和功能……

1：31—3：00：詳細闡述產品如何解決潛在客戶的問題……

3：01—4：00：展現客戶評價和案例，提升潛在客戶對產品的信任度……

4：01—4：30：總結產品優勢，強調產品的核心賣點……

4：31—5：00：列出聯繫方式……

正確示範中的提問明確指出影片時長、目標客群和影片主題，讓ChatGPT提供的答案更能滿足用戶的需求。

二、實用方法

我們在使用ChatGPT做時間節奏設計時，可以參考以下步驟。

（1）明確需求：確定影片類型，如產品介紹、教學、企業宣傳等。

（2）設定時長：根據影片類型和目標群體，設定合適的影片時長。

（3）規劃節奏：根據影片時長和內容，合理安排各部分的時長。

（4）確定重點：凸顯影片的核心內容，確保觀眾能聚焦在重點。

三、常見範本

我們可以結合影片時間節奏的不同場景，向ChatGPT提出需求或問題，常見的各類場景、提問範例、關鍵字範本如下。

場景1：創意影片

提問範例：「請為我提供一份適合○○（短影音平臺）的創意影片腳本和影片時間節奏方案，影片主題是△△，時長為╳╳。」

場景2：產品介紹影片

提問範例：「請為我寫出一份時長為○○的△△（產品名稱）介紹影片的時間節奏方案，目標客群是╳╳，產品的主要功能和優點有□□。」

場景3：教學影片

提問範例：「我需要製作一部關於○○（主題）的教學影片，影片時長為△△，請為我提供一份合適的影片時間節奏方案。」

場景4：企業宣傳片

提問範例：「請幫我設計一份○○（公司名稱）的宣傳片腳本，要包含時間節奏設計方案，宣傳片時長為△△，重點凸顯╳╳（宣傳重點）。」

場景5：活動宣傳影片

提問範例：「我想製作一部關於○○（活動名稱）的宣傳影片，影片時長為△△，請為我設計一個貼近主題的影片時間節奏設計方案。」

場景6：影評／遊戲評測影片

提問範例：「我想製作一部關於○○（影片／遊戲名稱）的評測影片，影片時長為△△，請為我寫出一個影片時間節奏設計方案。」

場景7：旅遊攻略影片

提問範例：「請幫我設計一份關於○○（目的地）的旅遊攻略影片腳本，要包含時間節奏方案，重點介紹△△（旅遊景點／活動），影片時長為××。」

場景8：拆解／安裝的教學影片

提問範例：「我想製作一部關於○○（產品名稱）的拆解／安裝教學影片，影片時長為△△，請為我提供一個貼近主題的影片時間節奏方案。」

場景9：訪談節目

提問範例：「我想製作一個訪談節目，嘉賓是○○，時長為△△，請為我寫出一個貼近主題的影片時間節奏設計方案。」

四、注意事項

我們在應用ChatGPT做影片時間節奏設計時，要注意以下3點。

（1）注意連貫性和邏輯性：要保持影片內容的連貫性和邏輯性。

（2）音效或特效：適當運用音效或特效，優化影片的視聽效果，但要避免過度使用，以免影響觀眾對影片內容的理解；同時要注意獲取相關版權。

（3）創意元素：在不同時間節奏的畫面內容中，適當運用創意元素，提升觀眾的觀看體驗。

臺詞設計：
使用ChatGPT寫出有戲劇張力的對話

一般來說，要在影片中設計出有戲劇張力的對話，作者需要深入思考和具備一定的創作經驗。ChatGPT可以根據輸入的角色、情境等，在一定程度上提供符合情節需要的對話，讓角色形象更豐滿，讓情節更有戲劇張力，讓影片內容更精彩。

一、情景再現

☒ 錯誤示範

提問：請幫我寫一段父親教育孩子的臺詞。

回答：孩子，我想告訴你一些重要的事情。首先，我希望你知道，做人最重要的是要誠實守信……。其次，要懂得感恩和尊重他人……。再來，要有責任心……。最後，要學會堅持不懈……。我希望你能夠成為一個品德高尚、有責任感、勇於面對挑戰的人，相信你一定可以做到。

☑ 正確示範

提問：請幫我寫一些關於家庭劇的人物臺詞，主要角色為父親和孩

子，父親性格嚴肅，易怒。孩子比較調皮。這位父親因為孩子平時貪玩荒廢了學業，正在責備孩子，情緒比較激動，臺詞要展現出父親對孩子學習的擔憂。

回答：父親（嚴肅地坐下，對孩子說）：「你看看你，成天貪玩，荒廢了學業，你知道這樣下去會有什麼後果嗎？」

孩子（有些不耐煩）：「爸爸，我知道。我以後會努力學習。」

父親（激動地拍桌子）：「努力學習？你知道你現在已經落後別人多少了嗎？」

孩子（委屈地低頭）：「我真的會改啦。」

......

父親（深深嘆息）：「我希望你真的能明白我的苦心。現在就去安排你的學習計畫，不要再讓我擔心了。」

孩子（堅定地回應）：「爸爸，我會讓你放心的。」

在正確示範中，使用者提供了詳細的訊息條件，使ChatGPT能夠準確寫出符合使用者需求的人物臺詞。

二、實用方法

我們在使用ChatGPT做設計臺詞時，可以參考以下步驟。

（1）明確需求：確定影片類型（如家庭劇、科幻片等）、人物性格（如嚴肅、幽默等）和人物情緒（如激動、悲傷等）。

（2）考慮人物特點：根據人物性格、人物情緒和影片主題，設計

符合人物特點的臺詞。

（3）考慮情節：結合影片情節，讓臺詞自然地融入劇情，增強情感表達。

（4）注重邏輯：確保臺詞的內容邏輯連貫，避免出現前後矛盾的情況。

（5）融入情感：在臺詞中融入情感因素，使人物的感情更加豐富。

三、常見範本

我們可以結合臺詞的不同應用場景，向ChatGPT提出需求或問題，常見的各類場景、提問範例、關鍵字範本如下。

場景1：家庭劇人物的臺詞

提問範例：「請為○○（角色）寫出一段關於△△（影片主題）的臺詞，角色性格為╳╳，需展現□□（角色情緒）。」

場景2：科幻片人物的臺詞

提問範例：「故事發生在○○（科幻背景），請為△△（角色）寫出一段關於╳╳（影片主題）的臺詞，角色性格為□□，需展現的角色情緒是◎◎。」

場景3：喜劇片人物的臺詞

提問範例：「請為○○（角色）寫出一段關於△△（影片主題）的臺詞，角色性格為╳╳，需展現的角色情緒是□□。臺詞需要具有◎◎（幽默元素）。」

場景4：動作片人物的臺詞

提問範例：「這是一部動作片，角色正在○○（動作場景），請為△△（角色）寫出一段關於╳╳（影片主題）的臺詞，角色性格為□□，需展現的角色情緒是◎◎。」

場景5：懸疑片人物的臺詞

提問範例：「這是一部懸疑片，角色正在○○（懸疑背景），請為△△（角色）寫出一段關於╳╳（影片主題）的臺詞，角色性格為□□，需展現的角色情緒是◎◎。」

場景6：歷史劇人物的臺詞

提問範例：「這是一部歷史劇，角色正在○○（歷史背景），請為△△（角色）寫出一段關於╳╳（影片主題）的臺詞，角色性格為□□，需展現的角色情緒是◎◎。」

場景7：紀錄片人物的臺詞

提問範例：「這是一部紀錄片，角色正在○○（背景），請為△△

（角色）寫出一段關於╳╳（影片主題）的臺詞，角色性格為□□，需展現的角色情緒是◎◎。」

場景8：動畫片人物的臺詞

提問範例：「這是一部動畫片，角色正在〇〇（背景），請為△△（角色）寫出一段關於╳╳（影片主題）的臺詞，角色性格為□□，需展現的角色情緒是◎◎。」

四、注意事項

我們在應用ChatGPT做臺詞設計時，要注意以下3點。

（1）注意語言風格：根據不同的影片類型，注意調整臺詞的語言風格，例如家庭劇中的臺詞通常較為親切。
（2）考慮地域文化差異：儘量使用符合當地語境的表達方式。
（3）遵守法律規範：務必遵守關於版權的法律規範，確保寫出的內容不侵犯他人的權益。

第**9**章

ChatGPT 能成為生活與工作智囊

日常生活中，各種問題和困境時常困擾著我們。有時候，我們需要一位智囊給我們建議、啟發和指導。ChatGPT恰好可以扮演這個角色。ChatGPT既可以做為工作助手，又可以成為生活智囊，為我們解決工作難題，激發我們的創意，為我們的生活增添色彩，提升我們的生活品質。

**興趣推薦：
讓 ChatGPT 為生活增添色彩**

　　擁有健康的興趣愛好可以幫助我們更放鬆身心。可是在快節奏的現代社會，我們往往會因為繁忙的工作和生活而失去發展興趣愛好的動力。ChatGPT 可以為我們提供關於興趣愛好的建議，更快、更準確地推薦符合我們興趣的訊息，讓我們的生活變得豐富多彩，提升我們的生活品質和幸福感。

一、情景再現

☒ 錯誤示範

提問：請為我推薦一本好書。

回答：書名：《人性的弱點》。作者：戴爾・卡內基。

　　這本書是一本經典的人際關係指南，以科學的方法探討人類的行為模式、情感表達和互動方式……。

　　希望這本書能為你帶來新的思考和啟發。

☑ 正確示範

提問：我喜歡科幻小說，尤其是關於太空探險和時間旅行，請推薦一本適合我的好書。

回答：根據您的興趣，我推薦您閱讀《三體》。這是一部中國科幻小說，作者是劉慈欣。小說講述地球文明與三體文明的故事，包括太空探險和時間旅行等元素……。

正確示範中的提問表現出使用者的興趣和偏好，因此ChatGPT能夠給出更加貼近提問者需求的答案。

二、實用方法

我們在使用ChatGPT獲取興趣推薦時，可以參考以下步驟。

（1）明確需求：在向ChatGPT提問時，需要確定自己的興趣和偏好，提供足夠的訊息以便得到個性化的推薦。

（2）具體描述：儘量使用具體的描述，避免使用含義模糊不清的詞語。

（3）指定範圍：明確要求ChatGPT在某個領域或範圍內推薦，這樣可以得到更為精準的答案。

（4）設定限制：設置一定的限制條件，如時間、地域等，這樣有助於獲得更加符合自己需求的推薦。

三、常見範本

實際應用中，我們可以結合不同生活場景下的興趣推薦需求，向 ChatGPT 提出問題，常見的各類場景、提問範例、關鍵字範本如下。

場景 1：尋找適合自己的書籍／文章

提問範例：「我對○○（主題）感興趣，尤其是△△（細分領域）方面的內容，請推薦一些適合我的書籍／文章。」

場景 2：尋找合適的電影／電視劇

提問範例：「我喜歡○○（類型）的電影／電視劇，特別喜歡△△（導演／演員）的作品，請推薦我一部近期上映／播出的作品。」

場景 3：音樂的推薦

提問範例：「我喜歡○○（音樂風格），最近想聽一些△△（語種）的新歌，請推薦我幾首。」

場景 4：旅遊景點的推薦

提問範例：「我計畫在○○（時間）去△△（目的地）旅遊，請推薦一些當地有趣的景點。」

場景 5：尋找合適的教學／課程

提問範例：「我想學習○○（技能），請推薦一些適合初學者的△△

（線上／線下）教學／課程。」

場景 6：尋找美食

提問範例：「我喜歡○○（口味）的菜餚，請推薦一些△△（地區）的特色美食。」

場景 7：運動項目推薦

提問範例：「我想進行○○（目標）的鍛鍊，請推薦一些適合我的運動項目。」

場景 8：尋找工具／應用程式

提問範例：「我需要一個○○（功能）的△△（工具／應用程式）來解決問題，請給我推薦。」

場景 9：產品推薦

提問範例：「我想購買一款○○（產品類型），要有△△（功能／特點），請推薦幾款適合我的產品。」

四、注意事項

我們在應用 ChatGPT 獲取興趣推薦時，要注意以下 2 點。

（1）避免廣泛：避免使用過於廣泛的詞語和描述，否則可能導致

ChatGPT給出不符合個人需求的答案。

（2）避免依賴：ChatGPT雖然可以提供個性化的推薦，但它僅僅是一個人工智慧助手，因此它給出的答案可能不完全符合我們的期望。我們可以結合個人需求和判斷，對ChatGPT提供的方案進行篩選。

旅行攻略：
使用ChatGPT提升旅行體驗

制訂一份全面而準確的旅行攻略需要花費很多時間和精力。ChatGPT不僅可以幫助我們快速獲得旅行的相關攻略資訊，還可以提供制訂旅行攻略的技巧和建議，更快、更準確地提供相關的旅行攻略，使我們能更便利地規劃自己的行程，讓旅行變得更加愉快和充實。

一、情景再現

☒ 錯誤示範

提問：請為我提供一份上海的旅行攻略。

回答：上海是中國最國際化和現代化的城市之一，擁有豐富的城市景觀。以下是一份上海的旅行攻略。

    1、遊覽上海的代表性景點：東方明珠、上海城市規劃展示館、外灘、豫園、城隍廟……。

    2、品嘗上海的美食：上海有許多特色美食，像是小籠包、生煎包、蟹黃湯包……。

    3、購物：上海有許多購物場所，如南京路步行街、淮海路、陸家嘴……。

4、體驗上海的藝術和文化氛圍：上海是中國的文化中心之一，有許多藝術和文化活動場所，如上海博物館、上海大劇院、上海文化廣場⋯⋯。

5、欣賞上海的夜景：上海是一個夜色迷人的城市，您可以到外灘、東方明珠、陸家嘴等地欣賞上海的夜景⋯⋯。

6、遊覽周邊景點：上海周邊有許多著名的旅遊景點，如蘇州、杭州⋯⋯。

☑ **正確示範**

提問：請為我提供一個為期5天的上海旅行攻略，預算在35,000元以內。我比較喜歡歷史文化和美食。

回答：基於您的偏好，我為您提供以下為期5天的上海旅行攻略。

請注意，預算（35,000元）包括住宿、交通、景點門票和品嘗美食所需的費用。

第1天

上海市區內住宿：每晚約1,300元。

上海浦東國際機場至市區交通：約220元。

上海博物館：免費。

南京路步行街：品嘗當地小吃，約440元。

外灘：免費。

晚餐：上海菜，約660元。

第2天

住宿：每晚約1,300元。

豫園和城隍廟：門票合計約220元。

城隍廟小吃街：品嘗當地美食，約660元。

田子坊：免費。

新天地：免費。

晚餐：上海菜，約660元。

……

二、實用方法

我們在使用ChatGPT制訂旅行攻略時，可以參考以下步驟。

（1）明確需求：在向ChatGPT提問時，盡可能提供詳細的旅行目的地、天數、預算和興趣等資訊，以便ChatGPT提供符合我們需求的旅行攻略。

（2）制訂行程：在向ChatGPT提問時，嘗試引導ChatGPT將行程按天劃分，以便查閱和安排。

（3）注重實用性：在向ChatGPT提問時，強調實用性，如交通方式、住宿推薦、餐廳建議等，以增加旅行攻略的實用價值。

三、常見範本

實際應用中，我們可以根據對旅行攻略的不同需求，向ChatGPT
提出相應需求或問題，常見的各類場景、提問範例、關鍵字範本如
下。

場景1：了解某景點的資訊

提問範例：「請告訴我關於○○（城市名稱）的△△（景點名稱）歷
史背景、門票價格和遊覽時間。」

場景2：餐廳和美食推薦

提問範例：「請推薦○○（目的地）的△△（風味／類型）餐廳和特
色美食。」

場景3：交通建議

提問範例：「從○○（出發地）到△△（目的地）的最佳交通方式是
什麼？」

場景4：住宿推薦

提問範例：「請推薦○○（目的地）符合△△（預算要求）的酒店或
民宿。」

場景5：景點遊覽順序

提問範例：「請為我規劃在○○（目的地）遊覽△△（景點A）、××（景點B）和□□（景點C）的最佳順序。」

場景6：行程安排

提問範例：「在○○（目的地）遊玩△△（數字）天，每天應該安排參觀哪些景點？」

場景7：旅行預算

提問範例：「在○○（目的地）遊玩△△（數字）天，合理的預算大概是多少？」

場景8：購物建議

提問範例：「請推薦在○○（目的地）購買△△（商品類型）的商店或市場。」

場景9：旅行注意事項

提問範例：「請列出在○○（目的地）旅行時需要注意的事項。」

四、注意事項

我們在應用ChatGPT制訂旅行攻略時，要注意以下4點。

（1）時間安排：結合自身情況合理安排時間，避免安排過於緊湊的行程而導致參與者過度疲勞，可以在一開始就留出部分自由活動的時間。

（2）天氣狀況：使用ChatGPT提供的旅行攻略時，要關注當地天氣和安全狀況，確保旅行安全。

（3）特殊需求：若有特殊需求，如身障人士旅行、兒童旅行等，可以在提問時說明，以便ChatGPT提供針對性的旅行攻略。

（4）法規習俗：在應用ChatGPT所提供的旅行攻略時，要注意目的地的實際情況，遵循當地法規和習俗。

激發靈感：
使用ChatGPT更新創意思維

創意思維能夠在日常生活和工作中發揮重要作用。ChatGPT不僅可以幫助我們更有效率地激發靈感和更新創意思維，還可以提供一些技巧和建議，讓我們更快、更準確地寫出相關的創意思維方案，提高我們在生活和工作中的創造力和創新能力。

一、情景再現

☒ 錯誤示範

提問：我想鍛鍊自己的創新思維，請幫我想一些方法。

回答：創新思維是一個很廣泛的概念，能否提供更具體的訊息，例如您希望在哪個領域鍛鍊創新思維？這將有助於我為您提供更有針對性的建議。

☑ 正確示範

提問：我想在產品設計領域鍛鍊自己的創新思維，請為我提供一些可以激發創意和靈感的方法。

回答：在產品設計領域鍛鍊創新思維，您可以嘗試以下方法。

1、對現有產品進行逆向思考，找出其不足之處並提出改進方案。

2、學習並應用不同的設計原則和理念，例如同構設計、仿生設計等。

3、結合市場趨勢和用戶需求，進行策略分析，尋找創新機會。

4、參加行業活動和交流會，拓展視野，了解行業最新動態和創新趨勢。

5、多參與團隊腦力激盪，與他人分享想法，激發集體智慧。

……

同樣是詢問鍛鍊創新思維的方法，正確示範中的提問設定了更具體的範圍（產品設計領域），提出更具體的需求（提供一些可以激發靈感和更新創意思維的方法），這使得ChatGPT能夠給出更有針對性的建議。

二、實用方法

我們在使用ChatGPT激發靈感和更新創意時，可以參考以下步驟。

（1）明確目標：確定我們想在哪個領域或場景中提高創新能力，如產品設計、市場行銷等。

（2）收集資訊：透過閱讀、網路搜尋、參加活動等方式，收集創新的相關資訊。

（3）嘗試創意激發方法：嘗試多種創意激發方法，如腦力激盪、心智圖、逆向思考等。

（4）篩選創意：運用SWOT分析等方法，評估並篩選出具有潛力的創意。

（5）實踐執行：將篩選出的創意付諸實踐，透過實際操作檢驗其可行性和價值。

（6）團隊合作：宣導創新文化，鼓勵團隊成員積極提出創意，共同推動創新項目的實施。

（7）專案管理：採用敏捷開發、瀑布模型等專案管理方法，確保創新專案的順利推進。

（8）成果展示：透過內部分享、行業大會等途徑，展示和分享創新成果，提升團隊和個人的影響力。

三、常見範本

實際應用中，我們可以根據在不同場景下激發靈感的需求，向ChatGPT提出需求或問題，常見的各類場景、提問範例、關鍵字範本如下。

場景1：尋找創新方法和技巧

提問範例：「我是○○（自身具體情況），在△△（領域）中，我希望提高創新能力，請為我推薦一些方法和技巧。」

場景 2：收集創意靈感

提問範例：「我是○○（自身具體情況），我需要在△△（領域）中激發創意，能否提供一些相關的靈感來源和素材？」

場景 3：評估和篩選創意

提問範例：「我是○○（自身具體情況），我有以下△△（創意列表），請幫我分析它們的優劣和可行性。」

場景 4：實踐創新項目

提問範例：「我打算將○○（創意）付諸實踐，期望達到△△（目標），能給我一些建議和指導嗎？」

場景 5：腦力激盪

提問範例：「我們打算舉辦一場關於○○（主題）的腦力激盪，有△△（人數）參加，期望達到效果，請給予我舉辦和引導上的建議。」

場景 6：學習創新理念

提問範例：「我是○○（自身具體情況），我想了解△△（創新理念），請為我提供一些相關的學習資料和實例。」

四、注意事項

我們在應用 ChatGPT 激發靈感和更新創意思維時，要注意以下 3 點。

（1）切勿依賴：切勿過分依賴 ChatGPT，要結合自身實際情況和經驗，進行創新思維的鍛鍊。

（2）關注版權：注意保護智慧財產權，尊重他人的成果，避免侵權行為。

（3）模擬實踐：透過模擬實踐來檢驗創意的可行性，在實踐過程中要注重評估風險和控制成本。

做ChatGPT的主人

隨著人工智慧技術的快速發展，我們已經見證了ChatGPT等大型語言模型在解決各類問題上的強大能力。ChatGPT可以為我們提供學習、工作和生活中種種問題的解答，進而提高生產效率，幫助我們節省寶貴的時間。

回顧歷史，我們可以發現技術的進步與人類社會的繁榮是相輔相成的。從長遠來看，每一次技術變革，不僅沒有導致人類社會工作總量減少，反而增加了新的就業機會和經濟增長，我們今天所面臨的人工智慧技術變革同樣如此。我們不應感到恐懼，而應把握時代機遇，學會使用並掌握這些強大的人工智慧工具。

為此，我建議做好以下3點。

1.培養程式設計思維

程式設計思維有助於我們更好地與ChatGPT對話。我們要學會向ChatGPT提出明確、具體的需求或問題，並使用正確的指令、有效的問題和合理的關鍵字。只有這樣，才更能夠讓ChatGPT為我們服務。

2.明確目標方向

ChatGPT是工具，需要靠人的應用才能創造價值。因此，我們要知道自己想要什麼，想做什麼。在與ChatGPT的互動中，我們要明確自己的需求，制訂合理的目標。只有這樣，我們才能更好地利用ChatGPT，提高工作效率。

3. 保持學習意識

　　工具再強大，若人們不願意用、不會用也沒用。我們要保持求知慾和好奇心，不斷學習新知識。時代在變，技術在進步，我們要跟上時代發展的步伐，不斷充實自己，以應對未來的挑戰。

　　總之，ChatGPT是人類生產力和創造力水準不斷提高的推進器。ChatGPT及其背後的人工智慧技術發展，勢必將給人類帶來更多便利和機遇。我們既要相信科技的力量，也要學會利用科技的力量。我們不應做ChatGPT的盲目依賴者，沉迷於利用它的力量而不思進取，而是要做ChatGPT的主人，掌握正確的使用方法和技巧，讓ChatGPT成為我們在生活與工作中的好助手，幫助我們在各個領域取得更好的成果，走向更加美好的未來！

精準提問ChatGPT：答有所問的六大原則與多場景演練

作　　者　任康磊
責任編輯　夏于翔
協力編輯　黃暐婷
內頁排版　李秀菊
封面美術　萬勝安

總 編 輯　蘇拾平
副總編輯　王辰元
資深主編　夏于翔
主　　編　李明瑾
業務發行　王綬晨、邱紹溢、劉文雅
行銷企劃　廖倚萱
出　　版　日出出版
　　　　　地址：231030新北市新店區北新路三段207-3號5樓
　　　　　電話：02-8913-1005　傳真：02-8913-1056
　　　　　網址：www.sunrisepress.com.tw
　　　　　E-mail信箱：sunrisepress@andbooks.com.tw
發　　行　大雁出版基地
　　　　　地址：231030新北市新店區北新路三段207-3號5樓
　　　　　電話：02-8913-1005　傳真：02-8913-1056
　　　　　讀者服務信箱：andbooks@andbooks.com.tw
　　　　　劃撥帳號：19983379　戶名：大雁文化事業股份有限公司

印　　刷　中原造像股份有限公司
初版一刷　2023年11月
初版二刷　2024年 5 月
定　　價　490元
I S B N　978-626-7382-19-6

原簡體中文版：《如何高效向GPT提問》
作者：任康磊
中文繁體版透過成都天鳶文化傳播有限公司代理，由人民郵電出版社有限公司授予日出出版．大雁文
化事業股份有限公司獨家出版發行，非經書面同意，不得以任何形式複製轉載。

版權所有．**翻**印必究（Printed in Taiwan）
缺頁或破損或裝訂錯誤，請寄回本公司更換。

國家圖書館出版品預行編目（CIP）資料

精準提問ChatGPT：答有所問的六大原則與多場景演練／任康磊著.
-- 初版 . -- 新北市：日出出版：大雁出版基地發行, 2023.11
280面；17×23公分
ISBN 978-626-7382-19-6（平裝）
1.CST: 人工智慧
312.83　　　　　　　　　　　　　　　　112017609

圖書許可發行核准字號：文化部版臺陸字第112312號
出版說明：本書由簡體版圖書《如何高效向GPT提問》以中文正體字在臺灣重製發行。